「世の中の計算」の9割は算数で解ける!

伊草 玄
LEC専任講師

数字ギラいが3日で克服できる本

はじめに

　なぜ算数なのか──。そう思われた方もいるでしょう。理由は２つあります。
　１つは日常で使う数字のほとんどが算数で考えられるからです。三角関数や対数などの難しい公式を使わなくても、「足す、引く、かける、割る」の加減乗除の計算さえできれば、それこそ９割の問題は解けます。ですから、数学なんてまったくダメという人も、ぜんぜん心配いりません。
　もう１つの理由は、数学よりも算数のほうが問題を視覚化しやすいからです。中学以降で習う数学は、方程式で使う x のように文字で抽象化して問題を解いていきます。たしかに便利で早い面もありますが、日常のほとんどの問題は図にすることができますし、図にしたほうが何を求めればよいかがわかりやすくなります。方程式を使ったほうがラクという人も、もう一度、算数的感覚で解く楽しみを味わってほしいと思います。算数で日常の問題を解くのは意外と簡単だし、新鮮なものなのです。
　ところが一方で、算数や数学を苦手とする人が最近増えてきました。私が講義を担当した受講生の中にも、基本的な計算さえ間違える方を見かけます。学生なら「数字が苦手」ですむかもしれませんが、社会に出るとこれでは通用しません。会社はもちろん、日常生活でも数字を扱うことは多く、常識的な計算力が身についていないと一人前として見なされません。SPIなどの就職試験に数的処理の問題が出題されるのも、そうした能力が身についているか見極める意図があるのでしょう。
　ただ、最初にも述べたように日常生活で使う数字はもちろん、就職試験や公務員試験で出題される数学の問題も、実は算数の知

識さえあれば解くことができるものがほとんどです。私は講義において数学嫌いな受講生にもわかるように、算数を使った解法を教えており、たいへん好評を得ています。

　本書の内容を簡単に説明します。

　まずは計算の基本を見直しましょう。算数や数学を苦手だという人は、計算の基本ができていない方が多いようです。加減乗除の問題だけですから、落ち着いて取り組み、計算の基本をおさらいしましょう。

　次にお金の計算と早さの計算を解いていきます。お金の計算は仕事で、早さの計算は日常生活で必要とされます。どちらのテーマも図を活用します。図に描くことで情報を整理し、何を計算すればよいかが明確になります。

　次に割合やデータなどの情報が手元にあるとき、これを図やグラフにどう表すか、逆に図やグラフから情報をどう読み取るかなどを解説します。プレゼンテーション能力の向上に役立つはずです。

　最後に、算数を使って戦略的に考える方法を解説します。これこそ図を使って具体化することで全体像が把握しやすくなり、答えを導きやすくなります。

＊　　　　　　　　　　　　＊

　本書を試験対策としてだけでなく、日常生活で遭遇する数字の問題に対し、算数を使って解く力を身につけ、その楽しみを味わっていただければ幸いです。

2015年1月　　　　　　　　　　　　　　　　　　　　伊草　玄

──〈世の中の計算の9割は算数で解ける！／目次〉──

はじめに

1章　計算の基本
── 四捨五入よりも正確な概算できますか？

1 ● 概算のルール ……………………………………………… 12
2 ● 小数・分数・％・歩合の変換 …………………………… 21
3 ● 分数の計算 ………………………………………………… 25
4 ●「くもわ」の関係 …………………………………………… 28
5 ● 四則演算のルール ………………………………………… 31
6 ● 逆算の求め方 ……………………………………………… 37

2章　お金の計算
── 原価・定価・売値の関係がわかりますか？

1 ● 損益の計算の仕方 ………………………………………… 56
　▷図にまとめるとわかりやすい

2 ● 割引きの計算の仕方 ……………………………… 66
　　▷ケースごとに計算し損得を考える

3 ● 分割払いの計算の仕方 …………………………… 70
　　▷全体を「1」とした線分図を描く

4 ● ワリカンの計算の仕方 …………………………… 75
　　▷遷移図を描き、ワリカンの金額を求め、それぞれ精算する

3章　速さ・距離・時間の計算
―― 2人が出会ったり追いつくとどうなる？

1 ● 速さの基本ルール ………………………………… 84
　　▷速さ・距離・時間の単位変換を知る

2 ● 旅人算（出会いと追いつくとき）の計算の仕方 …… 88
　　▷線分図を描き2つの公式を使う

3 ● 時刻表の読み取り方 ……………………………… 95
　　▷所要時間から距離と速さを求める

4 ● 流水算（加速・減速するとき）の計算の仕方 ……… 98
　　▷線分図を描き速度を視覚的に捉える

5 ● 通過算（長さのある電車が出会い追いつくとき）の計算
　　の仕方 ································· 103
　　▷電車の位置を段階に分けて考える

4章　割合と集合の計算
—— 割合の割合、濃度が変化したらどうなる？

1 ● 割合をグラフで表す ························· 110
2 ● 割合の割合を求める ························· 114
3 ● 表から割合と実数を読み取る ················· 118
4 ● データを図や表にまとめる ··················· 124
5 ● 平均の意味を知る ··························· 135
6 ● 濃度の変化にも対応する ····················· 141
7 ● 比の上手な使い方 ··························· 151

5章　場合と確率・推測の計算
―― 損得の予想を数字で出せますか？

1 ● 場合の数の使い方 ………………………………… 160
2 ● 確率の求め方 ……………………………………… 178
3 ● 損得の予想に役立つ期待値 ……………………… 195
4 ● 2種類のモノの関係を図示する ………………… 198
5 ● 等しい間隔で起きる場面での計算 ……………… 209
6 ● 数量を推測する …………………………………… 214

カバー装幀／NONdesign（小島トシノブ）
本文DTP／ダーツ

1章
計算の基本
―― 四捨五入よりも正確な概算できますか？

①概算のルール
②小数・分数・％・歩合の変換
③分数の計算
④くもわの関係
⑤四則演算のルール
⑥逆算の求め方

~ Introduction ~

ある商品の先週の売上げ個数がホワイトボードに書いてあります。

日曜日	115
月曜日	241
火曜日	194
水曜日	338
木曜日	297
金曜日	160
土曜日	82

トレーナー：先週の売上げ個数の合計はざっとどれくらい？
新人（女）：私、暗算苦手なんです。
新人（男）：ざっとでいいんですよね。それなら暗算いらないと思うよ。
新人（女）：どうすればいいんですか。
トレーナー：概算をすればいいんだよ。
新人（男）：概算というのは大体の計算をすることですよね。ホワイトボードに書いてある数字を正直に足していくのではなく、まず数字を簡単な数にしてあげるのかな。
トレーナー：そうだね。例えば241だったら240とか250のように切りのいい数字にして計算するんだ。
新人（女）：それでは、194は190か200にするんですか。
新人（男）：たしか概算をするときに数字を簡単にする方法はいくつかあるはずですよね。よく使うのは四捨五入かな。
トレーナー：ただ、四捨五入では誤差が大きくなるときもあるね。

新人（男）：でも四捨五入以外の方法って、思いつかないんですけど。
トレーナー：あとで、私がよく使う概算のルールを教えるよ。
新人（女）：そのルールって楽しみ。
新人（男）：概算以外にもよく使う計算って結構ありますよね。新聞でよく見る何％増加したとか、野球だと打率が3割2分だとか。
トレーナー：そうだね。日常では同じ割合を別の表現で表すことも多いよね。小数と分数も同じ割合だけど、表現がちがうとよくわからないなんてことないかな？
新人（男）：たしかに。2割5分は分数だとどう？
新人（女）：……
トレーナー：うーん、困ったな。もう一度、基本に戻って小数・分数・％の関係から見直さないとね。
新人（女）：よかったわ。
新人（男）：こんなのはどうかな？ 100個ボールがあります。そのうち、30個は白いボールです。白いボールは全体の何割ですか。
新人（女）：う〜ん。これもちょっと難しいわ。
トレーナー：よーし！ わかった。この章ではまず、基本から見直すことにしよう。よく使う計算を3つのテーマで復習しよう。

- 電卓がなくても損をしないための概算
- 割合の計算をするために必要な小数・分数・％の変換
- 割合を使うために必要な「くもわ」の関係

単純計算だけど次章以降につながる練習のつもりで取り組んでほしい。

1 概算のルール

　買い物をしたとき、財布にあるお金で支払いが足りるか、こんなことを考えたことありますよね。大体でいいから買い物の合計を知りたいけど、手元に電卓がありません。こんなとき、どうしますか。多くの人は頭のなかで大体の計算、概算を行うのではないでしょうか。概算を行う方法は人それぞれかと思います。一番多いのは四捨五入でしょう。でも四捨五入は誤差の範囲が大きくなりがちです。そこで、本書では誤差の少ない四則演算における、概算のルールを提案したいと思います。

足し算のルール

　式の中にある数を次のルールで変化させる。

①2番目に大きい位を

　1、2、3→0

　4、5、6→5

　7、8、9→10

と変化させて、3番目に大きい桁以降は0とする。

　例）123→100　　4523→4500　　58469→60000

②大きい数に対して、小さい数が極端に小さいとき（桁が2桁以上ちがうとき）は小さい数をないとものして計算する。

　例）25436+123+4871

　この場合123はないものとして25436+4871を計算する。

③+だけのときは順番を入れ替えて計算してもよい。

1章●計算の基本

次の答えを概算で求めなさい。

379+27
→400+30
400+30=430

4283+337
→4000+300
4000+300=4300

741+2732+152
→750+3000+150
750+3000+150=3900

ポイント
計算順を次のように入れ替えると計算が速くすみます。
750+150+3000

789+4571+28+697
→800+4500+700
800+4500+700=6000

ポイント
28はないものとして計算します。

12.8+15.1+29.3
→10+15+30

ポイント
小数が含まれても2番目に大きい位を変化させます。

10+15+30=55

11.3+0.002+14.1
→ 10+15

10+15=25

> **ポイント**
> 0.002はないものとして計算します。

まとめ

＋の概算は計算の順序を入れ替えても大丈夫なので、できるだけ切りのいい数字になるよう組み合わせて計算すると、計算が速くなります。

1章●計算の基本

引き算のルール

式の中にある数を次のルールで変化させる。

①2番目に大きい位を
　1、2、3→0
　4、5、6→5
　7、8、9→10

と変化させて、3番目に大きい桁以降は0とする。

例）187→200　　3223→3000　　75439→75000

②大きい数に対して、小さい数が極端に小さいとき（桁が2桁以上ちがうとき）は小さい数をないものとして考える。

例）54891−45−2786

この場合は45はないものとして計算する。

③−があるときは順番を入れ替えてはダメ。

次の答えを概算で求めなさい。

　157−78
　➡150−80
　　150−80＝70

　7562−488
　➡7500−500
　　7500−500＝7000

Q3

8447−541−22

➡8500−550

8500−550=7950

> **ポイント**
> 22はないものとして計算します。計算の工夫として、550を分けて考えてもよいでしょう。
> 8500−500−50=7950

Q4

68.2−25.9−37.6

➡70−25−40

70−25−40=5

Q5

18.987−0.005−12.132

➡20−10

20−10=10

> **ポイント**
> 0.005はないものとして計算します。

まとめ

−の計算は前後を入れ替えることができないので、注意が必要です。

かけ算のルール

式の中にある数を次のルールで変化させる。

①2番目に大きい位を

　1、2、3→0

　4、5、6→5

　7、8、9→10

と変化させて、3番目に大きい桁以降は0とする。

　例）258→250　　8874→9000　　12389→10000

②×だけのときは順番を入れ替えて計算してもよい。

③小数があるときは桁を表す部分を取り出す。

　例）0.123→123×1/1000

　　整数部分と桁を表す分数部分に分解する。

次の答えを概算で求めなさい。

　68×9

　　➡70×10

　　70×10＝700

　57×16

　　➡60×15

　　60×15＝900

　392×36

→400×35

400×35=14000

Q4

2.8×3.1

→3×3

3×3=9

Q5

12×0.02×2.7

→10×2×1/100×3

→10×2×3×1/100

10×2×3×1/100

=0.6

> **ポイント**
> 小数から分数への変換
> 0.1→1/10
> 0.01→1/100
> 0.001→1/1000
> 0.0001→1/10000

まとめ

小数が出てくるときは、桁を表す分数の部分を別にして計算すると、すっきりします。

割り算のルール

式の中にある数を次のルールで変化させる。
① 2番目に大きい位を

1、2、3→0
4、5、6→5
7、8、9→10

と変化させて、3番目に大きい桁以降は0とする。

　例）342→350　　2174→2000　　79123→80000

② ÷があるときは順番を入れ替えて計算してはダメ。

　ただし、÷を×に変換すれば順番を入れ替えることができる。

③ 小数があるときは桁を表す部分を取り出す。

　例）0.456→456×1/1000

　　　整数部分と桁を表す分数部分に分解する。

次の答えを概算で求めなさい。

33÷4

　➡30÷5

　30÷5＝6

278÷23

　➡280÷20

　280÷20＝14

Q3

6189÷222

→6000÷200

6000÷200=30

Q4

0.4÷2.2

→0.5÷2

→5×1/10×1/2

→5×1/2×1/10

5×1/2×1/10=0.25

> **ポイント**
> ÷を×に変換するとき分母と分子を入れ替えることを忘れずに

Q5

0.005÷0.0004

→5×1/1000÷(4×1/10000)

→(5÷4)×(1/1000÷1/10000)

(5÷4)×(1/1000÷1/10000)

=1.25×10

=12.5

> **ポイント**
> 桁を表す分数は分けて計算する

まとめ

÷を×に変換するとき、分母と分子を入れ替えるので間違えないようにしましょう。

1章●計算の基本

小数・分数・％・歩合の変換

割合を表すとき、何％という表記をよく見かけます。しかし、厄介なのは、％はそのまま計算できないことです。％を計算するには小数や分数に変換しなければいけません。また、％以外にも何割のような歩合による表記も多く見かけられます。そこで、ここでは％、歩合、小数、分数の変換を確認しておきましょう。

変換表

％	歩合	小数	分数
10％	1 割	0.1	$\frac{1}{10}$
20％	2 割	0.2	$\frac{2}{10}=\frac{1}{5}$
30％	3 割	0.3	$\frac{3}{10}$
40％	4 割	0.4	$\frac{4}{10}=\frac{2}{5}$
50％	5 割	0.5	$\frac{5}{10}=\frac{1}{2}$
60％	6 割	0.6	$\frac{6}{10}=\frac{3}{5}$
70％	7 割	0.7	$\frac{7}{10}$
80％	8 割	0.8	$\frac{8}{10}=\frac{4}{5}$
90％	9 割	0.9	$\frac{9}{10}$
100％	10 割	1	$\frac{10}{10}$

ポイント
分数は約分後も覚えておきましょう。約分した分数を利用すると計算が簡単になることが多いからです。

よくでる数字

%	割合	小数	分数
25%	2割5分	0.25	$\frac{25}{100}=\frac{1}{4}$
75%	7割5分	0.75	$\frac{75}{100}=\frac{3}{4}$

ポイント
25%、75%のように切りのよい数字はよく使うので覚えてしまいましょう。

次の問いに答えなさい。

Q1
1/10は何割か

1割

Q2
1/5は小数で表すといくらか

0.2

Q3
1/2は何%か

1/2→0.5→50%

ポイント
割合が苦手な人は慣れるまで、表を見ながらでも大丈夫です。慣れてきたら、表を見ないでも頭の中で変換できるようになりましょう。

Q4
0.7は分数でいくらか

7/10

Q5
0.3は何割か

3割

1章 ●計算の基本

Q6

0.4は何%か

40%

Q7

2割を分数で表すと？

2/10→1/5

> **ポイント**
> 分数は約分したあとの形を覚えておくと計算が速いです。

Q8

2割を小数で表すと？

0.2

Q9

2割は何%か

0.2→20%

Q10

30%は分数で表すと？

3/10

Q11

30%は小数で表すといくらか

0.3

30%は何割か

3割

まとめ

％や歩合の計算は割合を考えるときの基本となります。

コラム

　割合は表すものによって、％だったり歩合だったりしてわかりにくいものです。野球の打率は歩合なのにジュースの濃度は％です。全体に対する割合は変わらないのに表現の方法が変わります。また、計算するときは小数や分数を使います。割合の表現方法が変わっても、素早く変換できるようになりましょう。割合に対する苦手意識を克服する第1歩です。

1章 ●計算の基本

分数の計算

分数の計算に対して、苦手意識を持つ人もいるかもしれません。算数で物事を考えるとき、分数の計算は避けて通れません。もう一度、通分の仕方、足し算、引き算、かけ算、割り算の計算方法を確認しておきましょう。

分数の足し算

分母が等しいとき
$$\frac{5}{4}+\frac{1}{4}=\frac{6}{4}=\frac{3}{2}$$

分母が等しいとき
→分子どうしを足す

整数と分数
$$3+\frac{2}{3}=\frac{9}{3}+\frac{2}{3}=\frac{11}{3}$$

整数を分数に変換する。分母が3のとき
$3\rightarrow\frac{9}{3}$ （$1\rightarrow\frac{3}{3}$）
→分子どうしを足す

分母が異なるとき
$$\frac{1}{3}+\frac{1}{4}=\frac{4}{12}+\frac{3}{12}=\frac{7}{12}$$

もとの分母が異なるとき
→新しい分母を最小公倍数でそろえる
→もとの分子に（最小公倍数÷もとの分母）の結果をかける
→新しい分子どうしを足す
※最小公倍数が苦手な人へ
もとの分母どうしかける
→この数を新しい分母とする
→もとの分子に相手のもとの分母をかける
→この数を新しい分子とする
→新しい分子どうしを足す

分数の引き算

分母が等しいとき
$$\frac{5}{4}-\frac{1}{4}=\frac{4}{4}=1$$

> 分母が等しいとき
> →分子どうしを引く

整数と分数
$$3-\frac{2}{3}=\frac{9}{3}-\frac{2}{3}=\frac{7}{3}$$

> 整数を分数に変換する。分母が3のとき
> $3\to\frac{9}{3}$ （$1\to\frac{3}{3}$）
> →分子どうしを引く

分母が異なるとき
$$\frac{1}{3}-\frac{1}{4}=\frac{4}{12}-\frac{3}{12}=\frac{1}{12}$$

> もとの分母が異なるとき
> →新しい分母を最小公倍数でそろえる
> →もとの分子に（最小公倍数÷もとの分母）の結果をかける
> →新しい分子どうしを引く

分数のかけ算

分数×分数
$$\frac{2}{5}\times\frac{1}{2}=\frac{1}{5}$$

> 約分ができるところは約分する
> →分子どうし、分母どうしをかける

整数×分数
$$3\times\frac{2}{3}=\frac{3}{1}\times\frac{2}{3}=2$$

> 整数を分数にする
> →約分できるところは約分する
> →分子どうし、分母どうしをかける

分数の割り算

分数÷分数

$$\frac{3}{4} \div \frac{1}{2} = \frac{3}{4} \times \frac{2}{1}$$
$$= \frac{3}{2}$$

÷を×に変換する
$\div \frac{1}{2} \rightarrow \times \frac{2}{1}$
→約分できるところは約分する
→分子どうし、分母どうしをかける

整数÷分数

$$3 \div \frac{2}{3} = \frac{9}{3} \times \frac{3}{2}$$
$$= \frac{9}{2}$$

整数を分数に変換する
→÷を×に変換する
$\div \frac{2}{3} \rightarrow \times \frac{3}{2}$
→約分できるところは約分する
→分子どうし、分母どうしをかける

まとめ

分数の計算でつまずきやすいのは、足し算や引き算で通分が必要なときです。最小公倍数がわかりにくいときは、分母どうしをかけて、共通の分母にしましょう。

4 「くもわ」の関係

　割合を考えるとき、何を計算したらいいのかわからない。こんなことありませんか。何と何をかけるのか、あるいは何を何で割るのか、混乱しやすいところです。そこで、「くもわ」の関係を使ってみましょう。「くもわ」とは「くらべられる量」「もとにする量」「割合」の頭文字をとったものです。「くもわ」の関係で整理すれば割合の計算は明確にできます。割合が苦手な人は「くもわ」を書き出してみましょう。

> く：くらべられる量
> も：もとにする量
> わ：割合

＊「くもわ」の文字と「×÷」の位置を覚えましょう。

く＝も×わ
も＝く÷わ
わ＝く÷も

Q1

1000円の8割は□円です。

1000×0.8＝800

> く：□円
> も：1000円
> わ：8割→0.8

Q2

900円は□円の3割です。

900÷0.3＝3000

> く：900円
> も：□円
> わ：3割→0.3

1章 ●計算の基本

Q3

800円は2000円の□割です。

800÷2000＝0.4

0.4➡4割

> く：800円
> も：2000円
> わ：□割

Q4

3000円の50%は□円です。

3000×0.5＝1500

> く：□円
> も：3000円
> わ：50%

Q5

120円は□円の60%です。

120÷0.6＝200

> く：120円
> も：□円
> わ：60%→0.6 $(\frac{3}{5})$

Q6

200円は1000円の□%です。

200÷1000＝0.2

0.2➡20%

> く：200円
> も：1000円
> わ：□%

Q7

500円の0.7倍は□円です。

500×0.7＝350

> く：□円
> も：500円
> わ：0.7倍

Q8

250円は□円の0.25倍です。

250÷0.25＝1000

> く：250円
> も：□円
> わ：0.25倍→ $(\frac{1}{4})$

Q9

1500円は2000円の□倍（小数）です。

1500÷2000＝ ➡ 0.75

> く：1500円
> も：2000円
> わ：□倍

Q10

昨年の売上げは500万円で今年の売上げは750万円のとき、昨年の売上げに対して今年の売上げは何％増加したか。

7500000÷5000000＝1.25

1.25－1＝0.25

0.25 ➡ 25％

> く：750万円
> も：500万円
> わ：□％

Q11

今月の給料は前年同月より5％の増額になった。今月の給料が31万5000円のとき、前年同月の給料はいくらか。

1＋0.05＝1.05

315000÷1.05＝300000

> く：31万5000円
> も：□円
> わ：105％

まとめ

割合を捉えにくい人は「くもわ」の関係にあてはめてみましょう。慣れてきたら、置き換えなくても、割合を使いこなせるようになるでしょう。

1章●計算の基本

四則演算のルール

計算が複雑になると＋、－、×、÷が１つの式の中に複数出てくることがあります。正しい計算のルールを知らないと、せっかく自分で計算式を書いても解くことができません。計算のルールを知ることで、計算の工夫ができ、速く計算できるようにもなります。

数字が３つと記号が２つのとき

①、②、③には数字が入ります。

それぞれの間には＋、－、×、÷のいずれかの記号が入ります。

● ルール

原則的には左から順に計算します。

どちらか一方が＋か－、もう一方が×か÷のときは×または÷を先に計算します。

一方が×、もう一方が÷のときは左から順に計算します。

7＋5－10

7＋5－10
＝12－10
＝2

5×3＋2

<u>5×3</u>＋2
＝15＋2
＝17

ポイント
×と＋があるときは先に×を計算します。

Q3

20－10÷2

20－<u>10÷2</u>
＝20－5
＝15

ポイント
－と÷があるときは先に÷を計算します。

Q4

3×6÷2

3×6÷2
＝18÷2
＝9

まとめ

原則的には左から順に計算します。しかし、×や÷があるときは、それを先に計算します。

コラム

2+3×4の計算結果が20とするまちがいをしていませんか。3×4を先に計算するのが四則演算のルールです。忘れてしまった人は、もう一度基本を見直しましょう。

数字が4つと記号が3つあるとき

① +−×÷ ② +−×÷ ③ +−×÷ ④

①、②、③、④には数字が入ります。

それぞれの間には＋、−、×、÷のいずれかの記号が入ります。

● ルール

原則的には左から順に計算します。

×か÷があるときは×または÷を先に計算します。

×と÷が2回以上続くときは左から順に計算します。

5×3−4+2

5×3−4+2
=15−4+2
=13

ポイント
×を先に計算して残りは左から順に計算しましょう。

6−9÷3+4

6−9÷3+4

$= 6 - 3 + 4$

$= 7$

$12 + 3 - 4 \times 2$

$12 + 3 - \underline{4 \times 2}$
$= 12 + 3 - 8$
$= 7$

$3 \times 3 + 6 \div 3$

$\underline{3 \times 3} + \underline{6 \div 3}$
$= 9 + 2$
$= 11$

$8 \div 4 \times 3 + 5$

$\underline{8 \div 4 \times 3} + 5$
$= 6 + 5$
$= 11$

> **ポイント**
> ×または÷が2回続くときは左から順に計算します。

7+6×2÷3

7+<u>6×2</u>÷3
=7+4
=11

まとめ

＋、－、×、÷の記号が混合しても、ルールを守って計算しましょう。
左から計算すればよいと考えるとまちがえがおこります。

コラム

8÷4×3を4×3を先に計算すると答えが違ってしまいます。ただし、÷を×に変換すると計算の順番を入れ替えることができます。例えば8÷4×3→8×1/4×3と書き換えることができます。このようにすると、計算の順番を変えても大丈夫です。

1章●計算の基本

逆算の求め方

　逆算は計算式の1つが□になっているとき、□は何かを求める計算です。中学以上の数学では方程式を解くことです。方程式では移項してxを求める計算をします。算数での求め方は、式の変形の仕方をパターンごとに覚えて計算します。

類型（1）

$$① \begin{array}{c}+\\-\\\times\\\div\end{array} ② = ③$$

　このとき、計算式には次の8つのパターンがあります。
a) ①+□=③　b) □+②=③　c) ①−□=③　d) □−②=③
e) ①×□=③　f) □×②=③　g) ①÷□=③　h) □÷②=③
　それぞれにおいて、□の求め方はちがいます。
　□をどのように求めるのか、具体的に見ていきましょう。
※□が＝（イコール）の右側にあるときは、左側と右側を入れ替えた式に書き換えましょう。
　例）5=□+3　⇒□+3=5

a) ①+□=③
　□の求め方

□=③−①

1) 28+□=44
   ➡ □=44−28
   =16

2) 1.5+□=3.6
   ➡ □=3.6−1.5
   =2.1

3) 1/3+□=5/6
   ➡ □=5/6−1/3
   =5/6−2/6
   =3/6
   =1/2

> **ポイント**
> ①と③が分数で、分母がちがうときは通分が必要です。また、計算の最後は3/6ではなく、約分して1/2にします。分数の計算が苦手な人は復習しておきましょう。

4) 1/2+□=0.6
   答えを分数で表すとき
   ➡ □=6/10−1/2
   =6/10−5/10
   =1/10
   答えを小数で表すとき
   ➡ □=0.6−0.5
   =0.1

> **ポイント**
> 答えが分数のときは小数を分数にして計算をします。また、答えが小数のときは、分数を小数にしましょう。

1章 ●計算の基本

b) □+②=③

　□の求め方

　□=③-②

　a)のときの□の位置が②から①に変わっただけで求め方は同じです。

1) □+12=56
 ➡ □=56-12
 　　=**44**

2) □+2.9=3.4
 ➡ □=3.4-2.9
 　　=**0.5**

3) □+3/4=13/12
 ➡ □=13/12-3/4
 　　=13/12-9/12
 　　=**4/12**
 　　=**1/3**

4) □+1/5=1.4
 答えを分数で表すとき
 ➡ □=14/10-1/5
 　　=14/10-2/10
 　　=**12/10=6/5**

答えを小数で表すとき
➡ □ = 1.4 − 0.2
　　 = 1.2

c) ① − □ = ③

□の求め方

□ = ① − ③

1) 33 − □ = 15

➡ □ = 33 − 15

　　= 18

2) 5.8 − □ = 2.6

➡ □ = 5.8 − 2.6

　　= 3.2

3) 2/3 − □ = 1/6

➡ □ = 2/3 − 1/6

　　 = 4/6 − 1/6

　　= 3/6

　　= 1/2

4) 3/5 − □ = 0.3

答えを分数で表すとき

➡ □ = 3/5 − 3/10

　　　　　　　＝6/10－3/10

　　　　　＝3/10

　　答えを小数で表すとき

　　➡□＝0.6－0.3

　　　　＝0.3

d）□－②＝③

　　□の求め方

　　□＝③+②

　　c）の場合と求め方がちがうので注意が必要です。

　1）□－63＝46

　　➡□＝46+63

　　　　＝109

　2）□－3.9＝7.2

　　➡□＝7.2+3.9

　　　　＝11.1

　3）□－1/8＝3/12

　　➡□＝3/12+1/8

　　　　＝6/24+3/24

　　　　＝9/24

　　　　＝3/8

　4）□－1/4＝1.5

答えを分数で表すとき
→ □ = 15/10 + 1/4
　　 = 30/20 + 5/20
　　 = 35/20
　　 = 7/4

答えを小数で表すとき
→ □ = 1.5 + 0.25
　　 = 1.75

e) ① × □ = ③

　□の求め方

　□ = ③ ÷ ①

1) 21 × □ = 84
→ □ = 84 ÷ 21
　　 = 4

2) 2.4 × □ = 9.6
→ □ = 9.6 ÷ 2.4
　　 = 4

3) 2/3 × □ = 1/6
→ □ = 1/6 ÷ 2/3
　　 = 1/6 × 3/2
　　 = 1/4

ポイント
○÷分数のときは注意が必要です。○÷a/b→○×b/aへと÷を×の記号に変換し、分子と分母を入れ替えます。

1章 ●計算の基本

4) $3/2 × □ = 2.5$
　→ $3/2 × □ = 5/2$
　→ $□ = 5/2 ÷ 3/2$
　　　$= 5/2 × 2/3$
　　$= 5/3$

> **ポイント**
> 分数と小数が混ざっているときは、小数を分数に変換します。あとは3）のときと同じです。

f) $□ × ② = ③$

　$□$の求め方

　$□ = ③ ÷ ②$

　e) のときと$□$の位置が①に変わっただけで求め方は同じです。

1) $□ × 38 = 152$
　→ $□ = 152 ÷ 38$
　　　$= 4$

2) $□ × 3.7 = 22.2$
　→ $□ = 22.2 ÷ 3.7$
　　$= 6$

3) $□ × 4/5 = 7/12$
　→ $□ = 7/12 ÷ 4/5$
　　　$= 7/12 × 5/4$
　　$= 35/48$

4) □×7/3＝3.5

　➡□×7/3＝7/2

　➡□＝7/2÷7/3

　　　＝7/2×3/7

　　＝3/2

> **ポイント**
> 分数と小数が混ざっているときは、小数を分数に変換しましょう。あとは3)のときと同じです。

g) ①÷□＝③

　□の求め方

　□＝①÷③

1) 128÷□＝32

　➡□＝128÷32

　　＝4

2) 10.5÷□＝3.5

　➡□＝10.5÷3.5

　　＝3

3) 2/7÷□＝5/3

　➡□＝2/7÷5/3

　　　＝2/7×3/5

　　＝6/35

> **ポイント**
> ○÷分数のときは注意が必要です。○÷a/b→○×b/aと÷を×の記号に変換し、分数の分子と分母を入れ替えます。

4) 2/3÷□＝2.4

　➡2/3÷□＝24/10

1章●計算の基本

→□=2/3÷24/10
　　=2/3×10/24
　=5/18

> **ポイント**
> 分数と小数が混ざっているときは、小数を分数に変換しましょう。あとは3）のときと同じです。

h) □÷②=③
　□の求め方
　□=③×②

1) □÷5=21
　→□=21×5
　　=105

2) □÷2.7=3.5
　→□=3.5×2.7
　　=9.45

3) □÷3/4=1/2
　→□=1/2×3/4
　　=3/8

> **ポイント**
> ×4/3としないように注意しましょう。

4) □÷3/4=3.2
　→□÷3/4=32/10
　→□=32/10×3/4
　　=12/5

> **ポイント**
> 分数と小数が混ざっているときは、小数を分数に変換しましょう。あとは3）のときと同じです。

まとめ

□の求め方がわからなくなったら、簡単な数字を当てはめてみましょう。例えば、2+3=5 として3のところを求めるにはどうしたらよいかを考えます。5から2を引けば3が求まりますね。

コラム

　方程式に慣れている方は、なんて面倒なことをするのか、と思われるかもしれません。もちろん、方程式で解いても問題ないのですが、方程式に慣れている方でも、普段の生活では頭の中で逆算を使っているケースが多いのです。例えば、面積が15㎡のとき、たての長さは3mです。では、横は何mか。こんな場合は方程式を立てず頭の中で、3×□=15から□は5だと求めるはずです。逆算的計算は結構使うので、頭の体操だと思って計算を楽しみましょう。

類型（2）

　類型（1）と異なり、＝の右側にも計算式があるケースです。このときは、□が＝の左側に来るように式を書き直します。

　□が＝の左側にある状態にした後、＝の右側を計算して、以下のような類型（1）の形にします。

1） 37＋28＝□×5
　➡ □×5＝37＋28
　➡ □×5＝65
　➡ □＝65÷5
　　　＝**13**

ポイント
＝の右側に□があるので、＝の左右を入れ替えましょう。

2） □÷5＝12÷3
　➡ □÷5＝4
　➡ □＝4×5
　　　＝**20**

3) $28 \div \square = 7 \div 4$

　→ $28 \div \square = 7/4$

　→ $\square = 28 \div 7/4$

　　　$= 28 \times 4/7$

　　　= 16

> **ポイント**
> ＝の右側が割り切れないときは、③÷④→③/④と分数に変換します。

まとめ

＝の右側にも計算式があるような場合は、形を類型（1）の形に変換します。あとは同じです。

1章 ●計算の基本

類型（3）

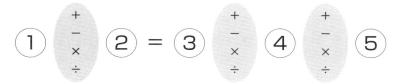

　類型（2）と同じく＝の右側にも計算式があるケースですが、ここでは複数の式があるケースです。この場合も（2）と同じく＝の右側を計算して、以下のように類型（1）の形にします。

$$①\begin{array}{c}+\\-\\\times\\\div\end{array}② = ⑥$$

　注意が必要なのは、③、④、⑤の間の記号によって計算の順序が違うことがあることです。
　＝の右側は以下のa）〜e）に分類できます。それぞれについて、見ていきましょう。

a）③＋④＋⑤、③－④－⑤、③＋④－⑤、③－④＋⑤、③×④×⑤のとき

　　□×7＝12＋25＋26
　➡□×7＝63
　➡□＝63÷7
　　　＝9

ポイント
＝の右側は左から順番に計算します。

b) ③÷④÷⑤のとき
　35÷□=140÷4÷5
　→35÷□=7
　→□=35÷7
　　　=**5**

> **ポイント**
> =の右側が割り切れるときは、計算結果をそのまま、書き入れます。

　□÷75=27÷5÷3
　→□÷75=27×1/5×1/3
　→□=27×1/5×1/3×75
　　　=**135**

> **ポイント**
> =の右側が割り切れないときは③÷④÷⑤→③×1/④×1/⑤と変換します。
> ③×1/④×1/⑤をひとかたまりと考えて、類型（1）と同じように計算しましょう。

c) ③×④+⑤、③×④-⑤、③+④×⑤、③-④×⑤のとき
　□-29=68+17×3
　→□-29=68+51
　→□-29=119
　→□=119+29
　　　=**148**

> **ポイント**
> ③+④×⑤のときは、④×⑤を先に計算します。前から順番に計算して、③+④を計算しないようにしましょう。1つの式の中に+、-、×があるときは×を先に計算します。

d) ③÷④+⑤、③÷④-⑤、③+④÷⑤、③-④÷⑤のとき
　21+□=27÷3+28
　→21+□=9+28
　→21+□=37
　→□=37-21
　　　=**16**

1章●計算の基本

$$35 - \square = 15 + 27 \div 5$$

→ $35 - \square = 15 + 27/5$

→ $35 - \square = 75/5 + 27/5$

→ $35 - \square = 102/5$

→ $\square = 35 - 102/5$

$= 175/5 - 102/5$

**= 73/5**

e) ③×④÷⑤、③÷④×⑤のとき

$\square \times 3 = 45 \times 2 \div 6$

→ $\square \times 3 = 15$

→ $\square = 15 \div 3$

**= 5**

$\square \div 6 = 13 \div 3 \times 5$

→ $\square \div 6 = 13 \times 1/3 \times 5$

→ $\square = 13 \times 1/3 \times 5 \times 6$

**= 130**

まとめ

=の右側の形式によって、計算がちがいます。=の右側を計算したら、あとは類型（1）のときと同じように計算します。

2章
お金の計算
── 原価・定価・売値の関係がわかりますか？

①損益の計算の仕方
②割引きの計算の仕方
③分数の計算
④ワリカンの計算の仕方

~ Introduction ~

　新商品の販売をすることになりました。事前の市場調査で、類似商品の価格ボリューム帯は320円前後です。新規参入ということもあり、300円の定価としました。原価率３割にするには原価いくらで生産しなければいけないでしょうか。

トレーナー：いくらで仕入れなければいけないと思う？
新人（女）：私、お金の計算苦手なんです。
新人（男）：割合を使って考えることは日常生活でも多いと思うよ。
　　　　　　例えば、セールのとき何割引きという表示を見ない？
新人（女）：そうね。安いってことはわかるんだけど、どれだけ安いかすぐに計算できないわ。
トレーナー：割合の計算は小数に変換しないとできないから苦手意識を持つ人が多いのかな。でもね、ビジネスの現場ではよく直面するよ。
新人（男）：もしかして、３割引きのとき0.3をかけると思ってる？
新人（女）：えっ、違うの？　私、３割引きのとき値段に0.3をかけると思ってた。
トレーナー：３割引きのときは0.7をかけるんだ。結構、勘違いする人が多いのかな。
新人（男）：じゃあ、２割引きのときはどうする？
新人（女）：ちょっとまって。まず、２割を小数にすると0.2でしょ。次に１－0.2をすればいいのよね。つまり、0.8をかければいいと思うわ。
トレーナー：そうだね。正解だよ。では、本題に行こう。
新人（男）：新商品を販売するんですよね

新人（女）：私、ほしい……。
トレーナー：ビジネスでは利益を出すことが大切なんだ。いくらで仕入れていくらで売るか。または、今回のケースみたいに定価が決まっていて原価を求めるときもあるね。
新人（男）：新規参入は価格の設定が大切なんですね。ところで原価率ってどうやって導くんだろう。
新人（女）：割引きのときと同じでしょ。
トレーナー：残念。定価と原価率から原価を求めるときは定価に0.3をかけていいんだよ。
新人（女）：割合ってなんか複雑ね。
新人（男）：僕は話がややこしくなるときは図を描くようにしてるんだ。
トレーナー：それって大事なことだね。ビジュアル化することはプレゼンでも重要だよ。
新人（男）：定価300円で原価率3割だから、原価は300×0.3で90円ですね。
新人（女）：90円で商品を作らないといけないということ？
新人（男）：儲けは210円ですね。
トレーナー：現実は厳しいんだ。これからが君たちの頑張りだね。
この章ではお金の計算に強くなる方法を4つのテーマで説明しよう。

- 自分で商売をするときに使う「損益の計算」
- 夕方のスーパーでセール品を買うときに必要な「割引きの計算」
- 高価なものを一括で変えないとき「分割で買う方法」
- 飲み会の後、精算するのに必要な「ワリカンの計算」

1章で覚えた計算をこれ以降の章で応用してほしい。

損益の計算の仕方
▷図にまとめるとわかりやすい

損益はビジネスをするうえで重要です。いくらで仕入れていくらで売ると、どれだけ儲かるか。これがわからなければ商売は成立ちません。ビジネスの現場では話はもっと複雑ですが、まずは原価・定価・売値の関係を捉えることが基本になります。損益の問題はこの原価・定価・売値に加え、利益率（利掛け率）・割引率が出てくるためさらにややこしくなります。そこで、本書ではそれらの関係を図にまとめて解説します。

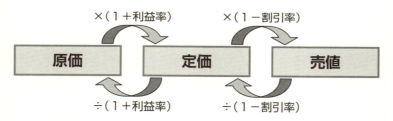

上の図が原価・定価・売値の関係を捉えるのに使用する図です。この図の中に与えられている情報をまとめていきましょう。

Q1 仕入れた商品に利益を見込んで定価をつける

500円で仕入れた商品に3割の利益を見込んで定価をつけると、定価はいくらになるか。

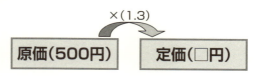

計算

500×1.3＝650

答え　650円

ポイント
与えられた情報を図にまとめましょう。定価のところは□円とします。原価から定価を求めたいので、原価×1.3を行います。

Q2 セール商品の定価を知りたい

ある店で、2割5分引きセールを行っていた。値札には値引き後の価格が書かれている。このとき、1800円の商品の定価はいくらか。

計算

1800÷0.75＝2400

答え　2400円

ポイント
定価のところは□円とします。売値から定価を求めたいので、売値÷0.75を行います。
$0.75=\frac{3}{4}$ として計算すると楽です。

Q3 売れ残りを割引きしたとき、売値はいくらか

ある店で、原価500円の商品に3割の利益を見込んで定価をつけたが、売れないので2割引きで売ることにした。売値はいくらか。

計算
500×1.3＝650
650×0.8＝520

答え　520円

ポイント
与えられた情報をまとめます。この問題では原価、定価、売値の3つの関係を書き入れましょう。1つずつ計算しても求められますが、計算を簡単にするために
1.3×0.8＝1.04
500×1.04＝520
というように、先に割合を計算しておいて原価に掛けると計算が速くできます。

Q4 売れ残りを割引きしたとき、損をしないためには割引率をいくらにすればよいか

ある店で、原価1500円の商品に2割5分の利益を見込んで定価をつけたが、売れ残ったので割引きをすることにした。損を出さないようにするには割引率をいくらにすればよいか。

計算

1500×1.25＝1875

1875×□＝1500

1500÷1875＝0.8　1−0.8＝0.2

答え　2割引き

> **ポイント**
> 与えられた情報をまとめましょう。この問題では原価、定価、売値の3つの関係を書き入れます。割引率がわからないので、割引率のところが□になります。くもわの関係から割引率を求めましょう。くらべる価格が1500円で、もとの価格が1875円です。

（参考）

割合だけでもこの問題は解くことができます。

1.25×□＝1

➡□＝1÷1.25

➡□＝0.8

Q5 具体的に価格と個数がわかっているとき利益を求める

ある商店で、1個の原価が500円の品物を300個仕入れた。2割の利益を見込んだ定価で売ったが、120個売れ残ったので、残りは定価の2割引きで売った。このとき、全体の利益は何円か。

この問題では個数、原価と定価の差、売値と定価の差、売値と原価の差も書き入れましょう。

利益は

(定価－原価)×(定価で売れた個数)＋(売値－原価)×(売値で売れた個数)

で求めます。

　計算

　　100×180＋(－20)×120＝15600

答え　15600円

ポイント

原価と定価の間に(定価－原価)、定価と売値の間に(売値－定価)、原価と売値の間に(売値－原価)を計算して書き入れます。
(売値－原価)がマイナスのときは損が出たことになるので、－(マイナス)をつけて計算しましょう。正負の計算が苦手な人はマイナスをないものとして、20×120を計算しましょう。その後で、18000－2400を計算します。

Q6 原価はわからないが利益または損がわかっているとき、原価を求める

　担当者が退社してしまい、商品の原価がわからなくなってしまった。しかし、商品に原価の2割の利益を見込んで定価をつけ、売れないので定価の3割引きで売ったところ、40円の損失があったことは確認できた。このとき、商品の原価はいくらか。

原価がわからないので、原価を仮に1000円として図を描いてみましょう。

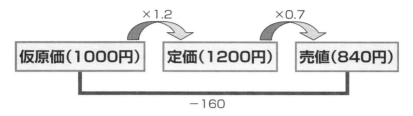

図では損失が160円となりました。しかし、実際の損は40円なので、全体を$\frac{1}{4}$倍すると本当の原価が求まります。

計算
$$1000 \times \frac{1}{4} = 250$$

答え　250円

ポイント
原価がわからないときは原価を1000円とします。
話がややこしくなったときこそ図の活用が重要です。
ー160は損が160円の意味です。

Q7 原価がわからないとき利益率を求める

担当者が退社してしまい、商品の原価がわからなくなったしまった。しかし、商品を定価の20％引きで売ると、原価の12％の利益が得られたことがわかった。この商品の定価は原価に何％の利益を見込んでつけたものか。

この問題も原価がわからないので原価を1000円とします。
与えられた情報を図にまとめます。

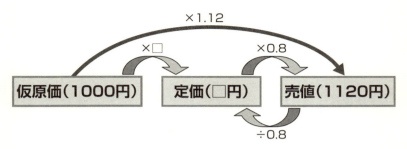

　図からまず定価を求めましょう。原価が1000円で、12%の利益が得られたので売値は1120円です。この売値は定価の20%引きですから、定価は以下の計算です。

　　計算
　　1120÷0.8＝1400

　求めたいのは利益率なので、□を求めます。
定価÷原価を計算します。

　　計算
　　1400÷1000＝1.4

　利益率は
　　1.4－1＝0.4
　　0.4を%に直すと40%

ポイント
原価がわからないときは原価を1000円とします。
数字がわからないところは□や△としましょう。
計算がしっくりこない人はもう一度「くもわ」の関係に戻ってみましょう。
　く：定価
　も：原価
　わ：（1＋利益率）

原価はわからないが個数と利益がわかっているとき、原価を求める

担当者が退社したので原価がわからなくなってしまった。しかし、商品を200個仕入れ、原価の2割の利益を見込んだ定価をつけて売ったが50個売れ残り、残りは定価の3割引きにしてすべて売ったところ、総利益は6000円となったことがわかった。このとき、商品の原価はいくらか。

ここでも原価がわからないので仮に1000円とします。

原価を1000円としたときの総利益を求めます。

総利益は

（定価－原価）×（定価で売れた個数）＋（売値－原価）×（売値で売れた個数）

で求められます。

　計算

　　200×150＋（－360）×50＝12000

ここで、実際の利益は6000円なので、上記の計算式から全体を$\frac{1}{2}$すると、つじつまが合うことになります。

求めたい原価は1000円を$\frac{1}{2}$にした額になります。

　計算：$1000 \times \frac{1}{2} = 500$

答え　500円

まとめ

損益の計算は原価・定価・売値の関係を図にまとめることで話を整理することができます。数字だけを追うのではなく、それぞれの関係から求めたいものを導きましょう。割合が苦手でも、1つずつ丁寧にステップを踏めば大丈夫です。

◆考え方の手順

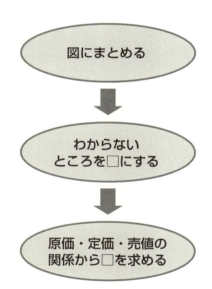

コラム

損益分岐点とは？

　飲食店を開業するとします。そのとき、利益を出すためにはどうしたらよいでしょうか。いうまでもなくコストより売上げを上げることです。実際にはコストは固定費と変動費に分けて計算します。

　固定費は売上げに関係なく、一定のコストです。家賃、リース代などです。これに対して変動費は売上げが増えるに連れて増えるコストのことです。材料費、人件費、高熱費などです。あるお店の固定費を30万円とします。売上げと変動費の関係は以下のとおりとします。

　　売上げ：30万円→変動費：10万円
　　売上げ：50万円→変動費：20万円
　　売上げ：70万円→変動費：30万円
　このとき、このお店の利益は
　　売上げ：30万円→利益：−10万円
　　売上げ：50万円→利益：0円
　　売上げ：70万円→利益：10万円　　　になります。
　売上げが50万円のとき、ちょうど利益が0円になります。売上げ50万円が損益を分ける金額になります。これが損益分岐点売上げです。つまり、このお店は最低でも、50万円の売上げがないと赤字になります。

回転率とは？

　損益分岐点ではお店を経営するうえで、最低でもいくらの売上げが必要なのかがわかりました。では、売上げを上げるにはどうしたらよいでしょうか。15席で一人あたりの使う料金（客単価）は2000円とします。同時に満席になると3万円の売上げがあります。最初の15人が入れ替わり、次の15人がまた入るとこのお店は1回転したことになります。このお店では1回転すると3万円の売上げがあるので、回転率が3だと、9万円の売上げがあがります。回転率を上げるとお店の売上げが上がることがわかります。

2 割引きの計算の仕方
▷ケースごとに計算し損得を考える

割引き料金は対象となる人数・個数・回数が多くなると、適用されることが多いようです。割引きの仕方も様々な方式があります。自分(たち)にとって得になる買い方、利用の仕方ができるように、様々なケースで感覚を磨きましょう。

Q1 まとめ買いをすると割引きがあるとき

ある果物屋では、りんごを1個120円で販売している。11個以上まとめ買いをする場合は、10個を超えた分については、1個110円で販売する。20個まとめ買いしたときの総額はいくらか。

20個を買うときは1～10個までの金額と11～20個までの金額を分けて計算します。
 1～10個までの金額：120×10＝1200
 11～20個までの金額：110×10＝1100
 合計金額：1200＋1100＝2300

ポイント
価格が変わるときは、分けて計算します。

答え 2300円

Q2 2段階に割引き価格が変わるとき

子ども会で夏休みに遊園地へ遊びにいく計画を立てた。入園料は、1人5000円である。しかし、団体割引料金の設定があり、1～10人目までは通常の入園料を支払わなければならないが、

2章 ● お金の計算

11〜30人目は1000円引き、31人目以上は2000円引きになる。この遊園地に50人で遊びに行ったときの、1人当たりの負担額はいくらになるか。

1〜10人、11〜30人、31〜50人の3区分でそれぞれ金額を求めます。

計算

1〜10人までの金額：5000×10＝50000

11〜30人までの金額：4000×20＝80000

31〜50人までの金額：3000×20＝60000

合計：50000＋80000＋60000＝190000

1人あたりの金額は合計金額を50で割ればよいので

190000÷50＝3800

答え　3800円

Q3 時間帯によって料金がちがうとき

貸しホールの1時間の使用料が9〜12時は5000円、12〜18時は7000円、18〜23時は9000円になる。10時から20時まで借りた使用料はいくらか。

10〜12時、12〜18時、18〜20時までのそれぞれの料金を求めましょう。

計算

10〜12時までの金額：5000×2＝10000

12〜18時までの金額：7000×6＝42000

18～20時までの金額：9000×2＝18000

合計：10000＋42000＋18000＝70000

答え　70000円

Q4 回数券と定期券、どちらが得になるか

4～6月までの間、ある地域の営業を担当することになった。営業期間中は会社から現地に行き、また会社に戻る必要がある。営業に行く回数は50回の予定。会社から現地までの普通料金は160円。定期券は3ヶ月で14000円。回数券は11枚綴りを10回分の料金で購入することができる。回数券を利用するとき、50回往復するので、回数券は11枚綴りを9冊と普通切符を1枚利用する。回数券と定期券どちらを利用したほうがいくら得か。

回数券を利用したときの料金は回数券9冊分と普通切符1枚分の合計です。

計算

回数券9冊分：1600×9＝14400

普通切符1枚：160

合計：14400＋160＝14560

ポイント
回数券は11枚綴りなので何回往復するかによって、普通切符を利用する枚数が異なるので注意します。

定期は14000円なので定期を利用したほうが得になる。

答え　定期券のほうが560円得になる

まとめ

料金が段階的に異なっていても、それぞれケースごとに計算すれば大丈夫です。本当に得なのか、しっかり考えて、賢い利用者になりましょう。

コラム

　電気屋などでは10%ポイント還元をよく見かけます。でも、本当に得なのでしょうか。一度考えてみませんか。1万円の商品を10%引きで買い、1週間後に別の商品1万円を10%引きで購入したとき、合計で18000円を支払います。では、1万円の商品を購入したとき、10%のポイント還元がありますが、割引きはないお店で購入し、同じように1週間後別の商品1万円を10%のポイント還元で購入しました。このとき、前回のポイントを全部使用するとします。合計の代金は19000円です。しかし、1000円分のポイントを持っています。ポイント還元があるときと、ポイント還元がないが割引きがあるときでは、どちらが得なのかは一概には言えないかもしれません。ポイント還元は定期的に同じお店を利用することが得をするための条件になります。ポイント還元があるお店はお店側の戦略もあるようです。

分割払いの計算の仕方
▷全体を「1」とした線分図を描く

　分割で何かを買う機会は世の中に数多くあります。住宅など人生設計に関わることもあるかもしれません。それだけに支払いの方法は慎重に検討しなければなりません。1回あたりの支払いが自分にとって無理のない額なのか確認することは大切です。最近では数字を入れれば計算できるシミュレーションも登場していますが、本書では線分図を描いて、分割するときのイメージを捉えます。線分図に表すと、残額がいくらなのか視覚的に捉えることができます。線分図を描くうえでポイントになるのは**全体を"1"とすることです。**

Q1　1回目に多く払い、それ以後は均等に支払うとき

　新しいパソコンを9回の分割払いで購入した。その際、1回目の支払いは全体の1/3を支払い、2回目以降は均等な額で支払うことにした。

（1）　2回目以降の1回あたりの支払額は全体のどれだけにあたるか。

（2）　5回目の支払いが済んだ時点での支払い済みの金額は、全体のどれだけにあたるか。

（1）

　線分図を描いて情報をまとめましょう。

　2回目以降の支払額は全体の$\frac{2}{3}$なので、それを8分割すると2回目以降の1回分が求められます。

2章 ●お金の計算

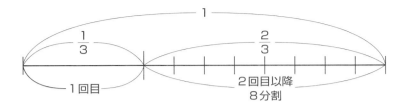

計算
$$\frac{2}{3} \times \frac{1}{8} = \frac{1}{12}$$

答え　全体の $\frac{1}{12}$

(2)

　線分図に2～5回目の分を書き入れましょう。

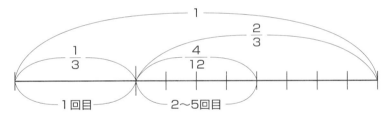

　2回目以降の1回分の支払いは（1）から全体の $\frac{1}{12}$ なので、2～5回目の支払額は $\frac{1}{12}$ の4回分になります。

計算
$$\frac{1}{12} \times 4 = \frac{1}{3}$$

　1～5回目までの合計は1回目と2～5回目までの合計になります。

計算
$$\frac{1}{3}+\frac{1}{3}=\frac{2}{3}$$

答え　$\frac{2}{3}$

> **ポイント**
> 全体を1として、線分図を描きましょう。与えられた情報を書き込んでいきます。

Q2　1回目に多く払い、ボーナス時にも多く払うとき

　大型テレビを8回の分割払いで購入した。その際、1回目の支払いでは全体の1/5を支払い、6回目の支払いではボーナスが出たので全体の1/3を支払った。また、2回目から5回目と7回目以降は、すべて均等に支払った。

（1）2回目から5回目と7回目以降の1回あたりの支払額は、全体のどれだけにあたるか。

（2）7回目の支払いが済んだ時点での支払い済みの金額は、全体のどれだけにあたるか。

（1）線分図を描いて情報をまとめましょう。

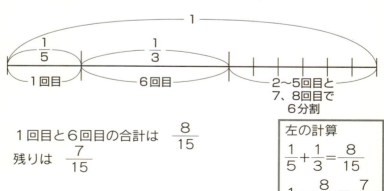

1回目と6回目の合計は　$\frac{8}{15}$
残りは　$\frac{7}{15}$

左の計算
$\frac{1}{5}+\frac{1}{3}=\frac{8}{15}$
$1-\frac{8}{15}=\frac{7}{15}$

2〜5回目と7、8回目の1回分の支払額

2章 ● お金の計算

は $\frac{7}{15}$ を6分割した金額になる。

計算

$$\frac{7}{15} \div 6 = \frac{7}{90}$$

答え $\frac{7}{90}$

（2）

7回目までの支払額の合計を求めるのは全体から8回目の分を引いた金額と同じになります。

計算

全体から8回目を引いて求めましょう。

$$1 - \frac{7}{90} = \frac{83}{90}$$

答え $\frac{83}{90}$

ポイント
残りを求めるときは全体を1として、そこから引いて求めると、計算が速くなることがあります。

ま と め

線分図は様々な問題で利用されます。線分図を使うと全体を視覚的に捉えることができ、全体を見渡すことができます。数字だけではわかりにくいときに使ってみましょう。

◆考え方の手順

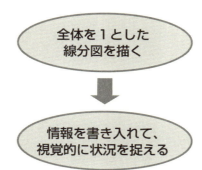

|コ|ラ|ム|

　分割払いで購入すると、実際には金利がかかります。大きく分けて元利均等返済と元金均等返済の2種類にわかれます。元利均等返済は毎月の支払額が一定で、金利と元金を返済していきます。条件にもよりますが、金利の支払額が多くなる傾向にあるようです。一方、元金均等返済は毎月元金を一定額返済していきます。残額に対して金利を上乗せして返済していく方法です。こちらは最初のうちは返済額が多くなりますが、金利の支払額が少なくなる傾向にあります。

2章 ●お金の計算

ワリカンの計算の仕方
▷遷移図を描き、ワリカンの金額を求め、それぞれ精算する

飲み会のあとや複数の人で買い出しをしたときなど、ワリカンをすることはよくあります。しかし、いざ精算するときにややこしくなることも多いようです。無用なトラブルを起こさないためにも、ワリカンをシンプルに行えるようにしましょう。本書では、遷移図を描いてお金の行方を記録する方法を使います。ポイントは財布からいくら出ていったのかに注目して図を作成することです。

 2人が別々の支払いをした後、ワリカンになるように精算する

AとBが2人で旅行に出かけた。Aは交通費6000円を支払い、Bは飲食代3000円を支払った。旅行から帰ってきた後、ワリカンにすることにした。BはAにいくら払えばよいか。

遷移図を描くときのルール
・自分の財布から出ていった額を−(マイナス)で示す
・自分の財布に入った額を＋(プラス)で示す

★このとき自分の財布に最初にいくら入っていたかは考えない

では、遷移図を描いてみましょう（次ページ参照）。
Aが交通費6000円を支払ったのでAのところに−6000と書きます。次に、Bが飲食代を支払ったのでBのところに−3000と書きます。ワリカンにすることは2人の支払額が同じになるこ

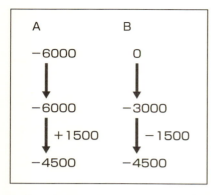

となので、−6000と−3000の平均を求めてA、Bのところに書きます。

Aのところの＋1500はAが1500円もらうとワリカンになることを意味しています。

Bのところの−1500はBが1500円渡すとワリカンになることを意味しています。

答え　BはAに1500円支払う

Q2 3人が別々の支払いをした後、ワリカンになるように精算する

A君の誕生会のために、B君は2000円のケーキを、C君は2700円分の食べ物を、D君は3700円のプレゼントを買った。B君とC君とD君が支払った額を揃えるためには、B君とC君はD君にそれぞれいくらずつ支払えばよいか。

遷移図を描いて状態をまとめましょう。

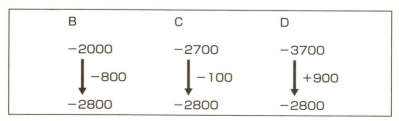

図を完成させると、Ｂ君は−800なのであと800円払わなければいけないことがわかります。同じようにＣ君は100円払わなければなりません。

Ｄ君は＋900なのであと900円もらうことになります。この問題の場合、＋（プラス）になる人がＤ君だけなのでＤ君にＢ君、Ｃ君は800円、100円払うとワリカンになります。

答え　Ｂ君は800円、Ｃ君は100円支払う

ポイント
①それぞれが支払った額を書きます。財布から出ていったのがマイナスです。
②ワリカン後の金額は等しいので３人の支払った額の平均を求めます。
　その額にマイナスをつけて、①で書き入れた額の下に書きましょう。
③上下の差を求めます。

Q3　４人が別々の支払いをした後、ワリカンになるように精算する

じゃんけん大会をするために、４人の運営委員がそれぞれで景品を用意した。

Ａ君が2000円、Ｂ君が1300円、Ｃ君が1700円の買い物をした。Ｄ君は何も買わなかった。４人の支払い額を揃えるためには、誰が誰にいくら支払う必要があるか。

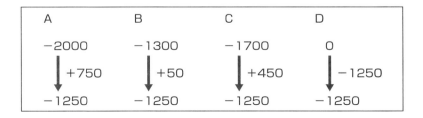

遷移図を描くと差がマイナスなのはD君だけなので支払うのはD君のみです。

よってD君がA君に750円、B君に50円、C君に450円支払います。

答え　D君がA君に750円、B君に50円、C君に450円支払う。

> **ポイント**
> ①4人の支払った額を書きましょう。
> ②ワリカンにしたときの金額を書き入れます。
> ③それぞれの差を書き入れます。

Q4 2人の間に貸し借りがあるとき、ワリカンになるように精算する

A君とB君の2人で、半分ずつお金を出しあって、C君へプレゼントを贈ることにした。A君はもともとB君に7000円の借金があったので、プレゼントはA君が買いに行くことになった。ところが、A君の都合が悪くなり行けなくなったのでB君が代わりに行くこととなった。そこで、B君がA君からひとまず10000円を預かって買い物に行くことにした。しかし10000円ではいいものが見つからず、B君は1000円を上乗せして11000円のものを買った。A君はB君に何円支払えば代金を精算することができるか。

遷移図を描いて情報をまとめましょう。

図より、A君はB君に2500円払えば、ワリカンしたことにな

2章●お金の計算

ります。

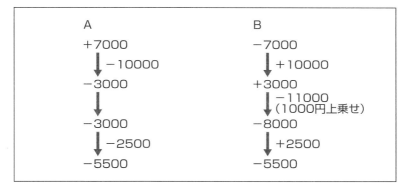

答え　2500円

ポイント
① A君が借金をしていたのだから、A君の財布の中には7000円入ったので、＋7000。B君はその反対なので－7000。
② B君はA君から10000円預かったので、A君は－10000、B君は＋10000変化する。
③ B君は11000円のプレゼントを買ったので、－11000変化して－8000になります。
④ ワリカンにするには最後の状態でマイナスが同じになるので、－3000と－8000の平均の－5500を最後のところに書きましょう。
⑤ ワリカン前の状態との差を求めて書き入れましょう。

 3人の間に貸し借りがあるとき、ワリカンになるように精算する

　A君、B君、C君の3人の間には、次のような貸し借りがある。B君はA君に2500円の借金があり、C君はA君に1000円、B君に3000円の借金がある。ある日、3人で食事に行った。代金は1人3000円であったが、ひとまずC君が合計9000円支払った。このあと3人の間で貸し借りがなくなるよう精算するにはど

のようにしたらよいか。

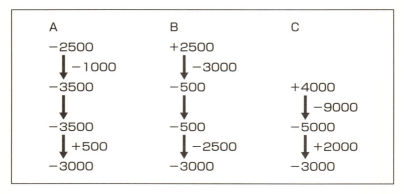

　図より、差がマイナスになるのはB君だけなのでB君がA君に500円、C君に2000円払えばよい。

答え　B君がA君に500円、C君に2000円支払う。

ポイント
①B君はA君に2500円の借金があるのでA君は−2500、B君は+2500と書き入れます。借金は借りたほうが+になるので注意します。
②次にC君はA君に1000円、B君に3000円の借金があるので、C君は+4000、A君は−1000、B君は−3000変化します。
③C君が食事代9000円を払ったので、C君は−9000に変化します。
④ワリカンにするには最後の状態でマイナスが同じになるので、平均の−3000を最後の行に書きましょう。
⑤ワリカン前の状態との差を求めて書き入れます。

まとめ

ワリカンは話が複雑になるとお金の動きがわかりにくくなります。そのため、財布から出ていったお金に注目して、遷移図を描けばお金の動きを正確に捉えられます。

3章
速さ・距離・時間の計算
── 2人が出会ったり追いつくとどうなる？

①速さの基本ルール
②旅人算（出会いと追いつくとき）の計算の仕方
③時刻表の読み取り方
④流水算（加速・減速するとき）の計算の仕方
⑤通過算（長さのある電車が出会い追いつくとき）の計算の仕方

～ Introduction ～

　毎年恒例の社員旅行があります。東京にある会社から熱海の旅館に行くことになりました。
　新幹線「こだま」だと56分、特急「踊り子」だと1時間24分、東海道線普通だと1時間50分かかります。それぞれの速さはどのくらいでしょうか？　東京〜熱海間の距離は105kmとします。

新人（女）：最近はネットで出発地点と到着地点を入力すると、どの電車に乗ればいいかがわかるようになったから、速さとか必要ないと思ったのに…。

トレーナー：そうはいかないよ。時間と速さは日常生活でよく使うけど、いつもネットで調べられるわけでもないからね。

新人（男）：そうだよ、時間厳守は社会人の基本だよ。

新人（女）：私だって、小学校の頃"きはじ"とかいって結構、勉強したんだけど。なんか、今ではさっぱりって感じ。

トレーナー："きはじ"を覚えていたのはりっぱ。速さの基本は距離・速さ・時間の関係を正確に捉えることだね。

新人（男）：たしか"きはじ"というのは距離と速さと時間の頭文字ですよね。距離＝速さ×時間でしたか。

新人（女）：なんか思い出してきたような、思い出せないような。

トレーナー：じゃ表題に戻ることにしよう。新幹線「こだま」の速さは時速何kmかな？

新人（男）：速さは「距離÷時間」か。解ける？

新人（女）：105÷56をすると…

トレーナー：う〜ん。ちょっと違うよ。時速を求めたいんだから56分を時間に直さないといけないんだ。

新人(女):そうすると56分は56/60時間ということですか。
新人(男):105÷56/60で計算すると112.5km/時かな。
トレーナー:同じように特急「踊り子」と東海道線普通の時速を求めてみよう。
新人(女):私、やってみます。えーと、特急「踊り子」は時速75km、東海道線普通は時速約57.3kmになるかしら。
トレーナー:正解だよ。速さは目に見えないから捉えにくいよね。でも、日常生活でいろいろな場面で出くわす。
この章では日常でよく使う速さを5つのテーマで説明しよう。
- 2人が待ち合わせするときに使う「旅人算」の考え方
- 電車に乗るときに必要な「時刻表の見方」
- 往復で速さがちがうとき、帰りにかかる時間を瞬時に知る方法
- 動く歩道を歩いているとき、自分の速さを求める方法
- 電車どうしがすれ違うのに、かかる時間を求める方法

さあ、やってみよう。

速さの基本ルール
▷速さ・距離・時間の単位変換を知る

　速さは距離、時間との関係から成り立っています。速さ・距離・時間の間の関係を「きはじ（みはじ）の関係」として表します。それぞれの頭文字からとったものです（「みはじ」は「距離」ではなく「道のり」のとき）。また、速さを扱うとき注意が必要なのは単位です。単位がちがう場合には統一する必要があります。まず速さ・距離・時間の単位変換の方法を確認しておきましょう。

単位変換
● 時間の単位変換

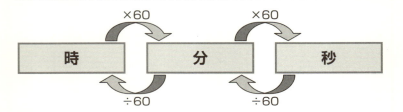

Q1 時間から分へ
2時間30分は何分か。 ➡ 2×60＋30＝150分

Q2 分から時間へ
45分は何時間か。（小数） ➡ 45÷60＝0.75時間

Q3 分から秒へ
12分15秒は何秒か。 ➡ 12×60＋15＝735秒

Q4 秒から分へ

20秒は何分か。(分数) ➡

$$20 \div 60 = \frac{20}{60} = \frac{1}{3} 分$$

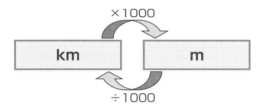

よく使う数字

0.25 ($\frac{1}{4}$) 時間 → 15分

0.5 ($\frac{1}{2}$) 時間 → 30分

0.75 ($\frac{3}{4}$) 時間 → 45分

● **距離の単位変換**

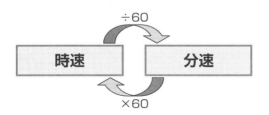

Q1 kmからmへ

2.4kmは何mか。 ➡ 2.4×1000＝2400m

Q2 mからkmへ

125mは何kmか。(小数) ➡ 125÷1000＝0.125km

● **速さの単位変換**

時間の単位変換とはかけ算と割り算が逆になるので注意。

Q1 時速から分速へ

時速120kmは分速何kmか。 ➡ 120÷60＝2km/分

Q2 分速から時速へ

分速300mは時速何mか。 → 300×60＝18000m/時

Q3 時速から分速へ（速さだけでなく距離の単位もちがう）

時速2.7kmは分速何mか。

計算：2.7×1000＝2700

2700÷60＝45　　　　**45m/分**

> **ポイント**
> 距離の単位をmに直してから速さの変換をします。

Q4 分速から時速へ（速さだけでなく距離の単位もちがう）

分速35mは時速何kmか。

計算：35×60＝2100

2100÷1000＝2.1　　　　**2.1km/時**

> **ポイント**
> 距離の単位をkmに変換します。

きはじの関係

> き：距離
> は：速さ
> じ：時間

> 距離ではなく道のりとして「みはじ」と表すこともあります。

き＝は×じ
は＝き÷じ
じ＝き÷は

Q1 速さを求める

100kmを5時間で進むとき、速さは時速何kmか。

100÷5＝20　　　　**時速20km**

> **ポイント**
> き：100km
> は：□km/時
> じ：5時間

3章 ● 速さ・距離・時間の計算

Q2 時間を求める

100kmを時速20kmで進むとき、何時間かかるか。

100÷20＝5　　　5時間

ポイント
き：100km
は：20km/時
じ：□時間

Q3 距離を求める

時速20kmで5時間進むとき、何km進むか。

20×5＝100　　　100km

ポイント
き：□km
は：20km/時
じ：5時間

まとめ

「きはじ」の関係をマスターしましょう。この関係を使うとき注意したいのは、単位を統一することです。

旅人算（出会いと追いつくとき）の計算の仕方
▷線分図を描き2つの公式を使う

　2人が今いる場所から、それぞれが移動して出会ったところで落ち会う約束をしたことはありませんか。このように移動する2人が出会ったり、追いついたりする計算を「旅人算」といいます。旅人算は日常生活でよく使われる計算です。旅人算の難しさは、移動するのが1人ではなく2人が同時に移動するため、速さ、距離の捉え方がややこしくなります。そこで、線分図に2人の位置関係を書き入れ、状況を視覚化します。旅人算では本文で示す2つの公式が重要になります。しっかり理解して覚えてしまいしょう。

公式

- 出会うときの公式

  2人の間の距離÷2人の速さの和

- 追いつくときの公式

  2人の間の距離÷2人の速さの差

上の2つの公式が速さの問題（旅人算）の基本です。

Q1　2人が移動して出会うとき

　AさんはP地点からQ地点に向かって時速4kmで、BさんはQ地点からP地点に向かって時速8kmの速さで同時に出発する。P地点とQ地点との距離が2.4kmのとき、AさんとBさんが初めて出会うのは、2人が出発してから何分後か。

3章●速さ・距離・時間の計算

この問題が出会うときの典型問題です。

公式をそのまま使えば大丈夫です。

　２人の間の距離：2.4km

　２人の速さの和：12km/時

　２人が出会う時間は以下のとおりです。

　２人の間の距離÷２人の速さの和＝2.4÷12

　　　　　　　　　　　　　　　＝0.2

0.2時間 ➡ 0.2×60＝12分

答え　12分後

ポイント
出会うときの速さの問題の基本です。線分図を描いて状況を整理しましょう。
公式の使い方を正確にマスターして計算します。

Q2 先に出発した人に、あとから出発した人が追いつくとき

Aさんは時速４kmで学校に行く。Aさんが家を出た６分後に忘れ物に気づいたBさんは、すぐにAさんを時速６kmで追いかけた。BさんがAさんに追いつくのは何分後か。

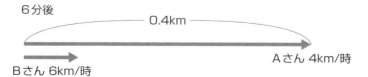

この問題が追いつくときの典型問題です。

公式をそのまま使います。

2人の間の距離：0.4km（4×6/60）

2人の速さの差：2km/時

2人が出会う時間は以下のとおりです。

2人の間の距離÷2人の速さの差＝0.4÷2
　　　　　　　　　　　　　　　＝0.2

0.2時間 ➡ 0.2×60＝12分

答え　12分後

ポイント
追いつくときの速さの問題の基本です。線分図を描いて状況を整理しましょう。公式の使い方を正確にマスターして計算します。

Q3 折り返し地点のあるランニングコースで速い人と遅い人が出会うとき

Aさんは分速50m、Bさんは分速70mで、二人ともP地点からQ地点に向かって同時に走り出す。先にQ地点に着いたBさんは、折りかえしてP地点に向かう。P地点からQ地点までの道のりが1440mのとき、Aさんと折り返してきたBさんが出会うのは、2人がP地点を出発してから何分後か。

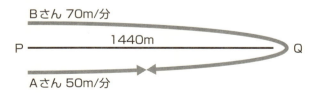

この問題は出会うときの公式を少しだけ応用したものです。

2人の間の距離：2880m

2人の速さの和：120m/分

2人の間の距離÷2人の速さの和＝2880÷120

＝24

答え　24分後

ポイント
折り返して出会うとしても、出会うときの応用問題です。まず、図を描いて状況を整理しましょう。折り返すので、2人の間の距離は2倍になります。

Q4 湖の周りを反対方向に走って、2人が出会うとき

ある湖の1周の距離は16kmで、湖周上のある地点から、Aさんが時速8kmで湖に沿って走る。またAさんと同じ地点から逆向きにBさんが時速12kmで走る。2人が同時に走り出すとき、2人が出会うのは走り始めてから何時間何分後か。

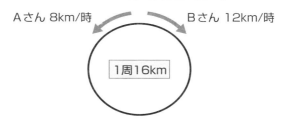

この問題は直線上で出会うときと同じなので、出会うときの公式を使えば大丈夫です。

2人の間の距離：16km

2人の速さの和：20km/時

2人の間の距離÷2人の速さの和＝16÷20

＝0.8

0.8時間 ➡ 0.8×60＝48分

答え　48分後

> **ポイント**
> 周上を反対方向に進んで出会うときも、出会うときの問題の応用です。まず、円の図を描いて状況を整理しましょう。

Q5 周回遅れになるとき

ある湖の周りの長さは2kmで、湖周上のある地点から、Aさんが時速8kmで湖に沿って走り、またBさんもAさんと同じ地点から同じ向きに時速12kmで走る。2人が同時に走り出すとき、Aさんが周回遅れになるのは2人が走り始めてから何分後か。

この問題は直線上で追いつくときの応用です。

同じ周上を走って追いつくときは、速く走る人が1周分多く走るということ。つまりAさんが1周分（2km）先にいて、Bさんが追いつくときに置き換えて考えます。

　　2人の間の距離：2km

　　2人の速さの差：4km/時

　　2人の間の距離÷2人の速さの差＝2÷4
　　　　　　　　　　　　　　　　＝0.5

　　0.5時間 ➡ 0.5×60＝30分

答え　30分後

> **ポイント**
> 周上を同じ方向に進んで追いつくときも、追いつくときの問題の応用です。2人の間の距離を1周分として追いつくときの公式を使いましょう。

Q6 同じ道のりを異なる速度で走るとき

Aさんは会社から目的地に歩いて行くのに時速5kmで2時間かかった。Bさんも同じように歩いて行くと2時間半かかった。このとき、Bさんの時速は何kmか。

Aさんの速さと時間がわかっているので会社から目的地までの距離を求めて、それをBさんの時間で割ればBさんの速さが求められます。しかし、この方法は「きはじ」の関係を2回使わなければなりません。そこで、AさんもBさんも同じ距離を歩いたことに注目します。距離が同じときは、速さと時間は逆比の関係になることを利用します。速さと時間が逆比になるとは、速さの比が3:2のとき、かかった時間の比は2:3になるということです。

この問題でかかった時間の比は以下のとおりです。

　　Aさんのかかった時間：Bさんのかかった時間
　　＝2時間：2時間半
　　＝120分：150分
　　＝4:5
よって、

Aさんのかかった時間：Bさんのかかった時間＝4 ： 5

　　　　　　　　　　　　　　　　　　　逆比の関係

　　　Aさんの速さ　　　　：Bさんの速さ　　　　＝5 ： 4
となります。

　Aさんの速さは比と同じ時速5kmですから、Bさんの速さは時速4kmになります。

ポイント
道のりが等しいときは速さと時間は逆比の関係になる。ぜひ使ってみましょう。

まとめ

旅人算は日常生活の中でよく使う速さの考え方です。2人の位置関係を線分図で把握し、公式を使いこなしましょう。

◆考え方の手順

　　　　状態を図に表します
　　　（小さくても大丈夫です）

　　　　旅人算の公式を
　　　どのように使えるのかを
　　　　　考えます

3章●速さ・距離・時間の計算

時刻表の読み取り方
▷所要時間から距離と速さを求める

　駅やバス停に必ずあるのが時刻表です。時刻表からは電車やバスがいつ出発や到着するかがわかるだけでなく、到着時刻から逆算して、何時の乗り物に乗ればいいのか予測することもできます。時間を予測することは相手との約束を守るのに必要不可欠です。

時刻表から速さと距離を求める

```
     バス時刻表
   A停留所発　14：52
         ⬇
   B停留所着　15：10
   B停留所発　15：15
         ⬇
   C停留所着　15：27
```

ある日のバスの時刻表である。

(1) A停留所からB停留所までの距離が15kmであるとき、A停留所からB停留所までのバスの平均の速さは時速何kmか。

(2) B停留所からC停留所までのバスの平均の速さが時速48kmであるとき、B停留所からC停留所までの距離は何kmか。

　(1) 時刻表からA停留所からB停留所までは18分かかる。
　　　速さは「距離÷時間」で求めます。

計算　18分 ➡ 18÷60＝0.3時間
速さ　15÷0.3＝50
答え　時速50km

(2) B停留所からC停留所までは12分かかる。
距離は「速さ×時間」で求めます。
計算　12分 ➡ 12÷60＝0.2時間
距離　48×0.2＝9.6
答え　9.6km

ポイント
時刻表から停留所間でかかる時間を読み取ります。あとは「きはじ」の関係で計算しましょう。

Q2 時刻表から到着時刻を予測する

　Aさんは打ち合わせのため、会社から各駅電車で最寄りのX駅から5駅離れたY駅に行き、そこから徒歩で800m離れた取引先へ行くことになった。会社からX駅までは徒歩で5分。また、Aさんは分速80mで歩く。X駅からY駅までの乗車時間は14分かかる。取引先の会社に11時30分までに着くには会社を遅くとも何時に出発すればよいか。

● X駅の時刻表（Y駅方面）

時	分								
10	4	10	16	24	30	36	44	50	56
11	4	12	20	28	36	44	52		
12	00	8	16	24	32	42	50		

会社から取引先の会社までのそれぞれの所要時間を求めます。

　　会社～X駅：5分

　　X駅～Y駅：14分

　　Y駅～取引先の会社：800÷80＝10分

　　所要時間　計：5＋14＋10＝29分

11時30分に着くには、11時30分より24分以上前にX駅を出る電車に乗る必要があります。時刻表から11時4分の電車に乗れば間に合うことがわかります。会社からX駅まで5分かかるので、10時59分には会社を出発しなければいけません。

答え　10時59分

ポイント
時間を予測するには、「きはじ」の関係と時刻表の読み取りが大切です。

まとめ
時刻表には出発時間だけが書いてあります。しかし、距離や乗車時間の情報とあわせることで、到着時間を予測することができます。予定を立てるときには必要になる知識です。

流水算(加速・減速するとき)の計算の仕方
▷線分図を描き速度を視覚的に捉える

　加速や減速する感覚を感じたことはありますか。たとえば追い風の中を走るとき、後ろから押されるように感じます。反対に、逆風の中を走ると押し戻されるように感じます。これらの感覚こそが流水算です。流水算の由来は船で上流から下流へ走るとき、下流から上流へ走るときの話からです。日常でも、加速・減速は体験しますが、速度を視覚的に捉えることはできません。そこで、これを求めるには加速と減速を線分図に描きます。

Q1 動く歩道の上を進行方向に歩くとき

　Aさんは長さ252mの動く歩道を歩いて移動すると1分45秒かかった。動く歩道は秒速1.1mで進む。このとき、Aさんの歩く速度は秒速何mか。

　まず歩道の上を進行方向に歩く速度を求めます。「きはじ」の関係から速さは秒速2.4mになります。

　　1分45秒 ➡ 1×60+45=105秒
　　計算：252÷105=2.4

```
動く歩道を歩く速度 |―――――――――――――――――|
                           秒速2.4m
Aさんの歩く速度   |―――――――――――――|――――|
                                    動く歩道の速さ
                                    秒速1.1m
```

　動く歩道の速さは秒速1.1mですから、線分図からAさんの歩

く速度は秒速1.3mと求まります。

計算：2.4－1.1＝1.3　　**答え1.3m/秒**

ポイント
速度をそれぞれの線分図に描き入れます。加速しているときとしていないときの差が加速している速度（動く歩道の速さ）です。

Q2 船が川を上る時間と下る時間がわかっているとき

船で川を往復することになりました。上流から下流までの距離は5720mです。上るときの時間は65分かかり、下るときの時間は55分かかります。

（1）この川の流れの速さは分速何mか。

（2）この船の静止時の速さは分速何mか。

まず上るときと下るときの船の速さを求めます。

上るときの速さ：分速88m（計算：5720÷65＝88）

下るときの速さ：分速104m（計算：5720÷55＝104）

これを線分図に描きます。

（1）川の速度は線分図の下りの速度と静止時の速度の差のところです。下りの速度は静止時の速度に川の速度を加えたもの、上りの速度は静止時の速度から川の速度を引いたものです。よって下りの速度と上りの速度の差は川の速度の2倍となり

ます。下りと上りの差は分速16mです。したがって分速16mの半分が川の速度です。これから川の速度は分速8mだとわかります。

答え　分速8m

（2）　線分図から静止時の速さは下りの速度と川の速度の差になります。よって、下りの速度から川の速度を引けば静止時の速度を求めることができます。静止時の速度は分速96mだとわかります。

答え　分速96m

ポイント
線分図のどの部分が川の速度になるのかを視覚的に捉えましょう。速さを視覚的に捉えることが大切です。

Q3 船が川上から川下を往復するとき

この船の静止時の速度は分速90m。川を下るのに40分かかり、上るのに50分かかる。川の流れの速さは分速何mか。

この問題では川上から川下までの道のりがわからないので「きはじ」の関係が使えません。

こんなときこそ、逆比の関係を使いましょう。船は往復するので、進む距離は同じです。旅人算のところで扱った、距離が等しいときは速さと時間は逆比の関係になることが使えます。

川を下るのにかかった時間：川を上るのにかかった時間＝　40　：　50

川を下るときの速さ　　：川を上るときの速さ　　　　　　＝　5　：　4

これから以下のことがわかります。

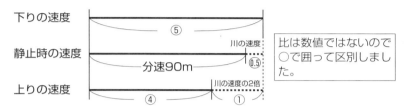

問題文から静止時の速度は分速90ｍですから、線分図より④.⑤が分速90ｍだとわかります。よって、川の速度は⓪.⑤なので、分速10ｍだとわかります。

答え　分速10ｍ

ポイント
同じ道のりを往復しているときは、逆比の関係を思い出しましょう。全体の距離がわからないからといってあわてずに。

まとめ

速さを感じることはできても、実際に視覚的に捉えることはできません。線分図を描くことによって、速さを視覚的に捉え、速さの差から何がわかるのかを考えましょう。

◆考え方の手順

加速しているとき、通常のとき、減速しているときの速度を上から順に線分図に描き表します。

速度の差が何を意味しているのかを考えましょう。
速度の差を計算して、加速している速度を求めます。

3章 ●速さ・距離・時間の計算

通過算(長さのある電車が出会い追いつくとき)の計算の仕方
▷電車の位置を段階に分けて考える

電車に乗ってすれ違うのに何秒かかるか数えたことはありますか。でも、計算で求めようとするとややこしくなりますよね。それは電車には長さがあるからです。出会ったり、追いついたりというと、旅人算を思い浮かべますが、電車には長さがあるので旅人算の公式をそのままでは使えません。そこで、図を描くことによって、すれ違う前と後の状態を捉えます。図から前後を比較して旅人算をどのように応用すればよいのかを考えましょう。

Q1 電車が橋を渡るにはどれだけの時間がかかるか

長さ200mで時速108kmの電車が1300mの橋を渡り終えるのに何秒かかるか。

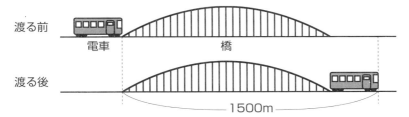

電車の速さの単位を時速から秒速に変えます。

　　時速108km ➡ 分速1.8km ➡ 秒速30m

電車が橋を渡り終えるまでに、電車の先頭にいる人が(橋の長さ+電車の長さ=1500m)だけ進みます。電車の先頭の人が秒速30mで1500m進むのに何秒かかるかを考えればよいのです。

計算：1500÷30＝50

答え　50秒

ポイント
電車が橋を渡り終えるまでの時間は橋の長さに電車の長さを加えたものです。電車の先頭の人がどれだけ進んだかを求めましょう。あとは、「きはじ」の関係です。

Q2 特急列車が普通列車を追い抜くのにどれだけの時間がかかるか

特急列車が普通電車に追いついてから追い越すまでに何秒かかるか。特急列車と普通列車の長さと速度は以下のとおり。

特急電車：長さ240m　秒速30m

普通列車：長さ180m　秒速16m

追いついたとき

並んだとき

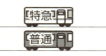

追い越したとき

２つの電車が同時に動くと考えると、混乱します。話を電車の先頭にいる人の旅人算の話に置き換えて考えてみましょう。

●追いついたとき〜並んだとき

特急列車の先頭にいる人が秒速30mで進み、普通電車の先頭

にいる人が秒速16mで進む旅人算（追い越すとき）に置き換えることができます。2人の間の距離は180mです。

● 並んだとき～追い越したとき

2人の速さは追いついたとき～並んだときと同じで、2人の間の距離は240mに変わります。

つまり、追いついたとき～追い越したときは秒速30mの人が420m（180m＋240m）先にいる秒速16mの人に追いつくのには何秒かかるのかを求めればよいのです。追い越すときの旅人算なので、速さは秒速14（＝30－16）mになります。

計算：420÷14＝30

答え　30秒かかる

> **ポイント**
> 電車が追いついてから追い越すまでの状態を図に描いて捉えましょう。電車の先頭にいる人の旅人算（追い越すとき）に話を置き換えて考えます。

Q3 反対方向に進む列車がすれ違うのにどれだけの時間がかかるか

特急列車が普通電車とすれ違うのに何秒かかるか。

特急列車と普通列車の長さと速度は以下のとおり。

特急電車：長さ240m　秒速32m

出会ったとき

すれ違ったとき

普通列車：長さ160m　秒速18m

この問題も前回と同じく電車の先頭にいる人の旅人算の話に置き換えます。

●出会ったとき〜すれ違ったとき

特急電車の先頭にいる人と普通電車の先頭にいる人が同じ地点から走りだしたとき、2人の間の距離が（特急電車＋普通電車）の長さになります。2人が400（＝240＋160）m離れるまでの時間を求めます。

つまり、400m離れた2人が出会うまでの旅人算を考えればよいのです。出会うときの旅人算なので、速さは秒速50（＝32＋18）mです。

計算：400÷50＝8

答え　8秒かかる

ポイント
電車が向き合ったときから電車がすれちがったときまでの状態を図に描きます。電車の先頭にいる人の旅人算の話に置き換えましょう。

まとめ
通過算は電車のいる位置を段階的に図に描きます。次に、電車の先頭にいる人が動くと考えて、旅人算に話を置き換えます。

4章
割合と集合の計算
―― 割合の割合、濃度が変化したらどうなる？

①割合をグラフで表す
②割合の割合を求める
③表から割合と実数を読み取る
④データを図や表にまとめる
⑤平均の意味を知る
⑥濃度の変化にも対応する
⑦比の上手な使い方

~ Introduction ~

　新人2人が入社して初めて、クライアントの前でプレゼンテーションする機会が与えられました。新人トレーナーからは会社で扱っている製品がその分野でどの程度、シェアを占めているのかクライアントに伝えるよう指示がありました。下の表は昨年の販売個数を示しています。

自社	35,000
A社	20,000
B社	48,000
C社	37,000
D社	24,000

新人（男）：僕達に与えられた、初仕事だから頑張ろうね。
新人（女）：私、口下手だからどうしよう。
新人（男）：プレゼンの基本は、図なんじゃないかな。
新人（女）：私、図を描くのも苦手なんです。
トレーナー：まず、相手に伝えるには数字を目に見える形にすることだよ。
新人（男）：じゃあ。グラフの方がわかりやすいですね。
トレーナー：グラフといってもいろいろあるけど、何がいいかな。
新人（女）：そうですね。円グラフだったら、よく見るわ。
新人（男）：あとは、棒グラフと帯グラフですかね。
トレーナー：そうだね。では表を円グラフと棒グラフで表してみよう

か。
新人（女）：私、円グラフやります。丸くてかわいいから。
新人（男）：僕は、棒グラフやります。
トレーナー：どうやって作る？
新人（女）：大学のレポートだと、表計算ソフト使ってました。
トレーナー：ソフトがないときはどうやって作る？
新人（女）：私、ぜんぜんわかんない。
新人（男）：しょうがないな～。円グラフは割合の知識を使うから、僕がやるよ。
トレーナー：そうだね。そのほうがいいと思うよ。プレゼンのときに使う図として、他に思いつくものあるかな？
新人（男）：そうですね。ベン図はよく使うと思います。アンケート調査をしたときに使うと便利ですよね。
トレーナー：あと、平均もプレゼンで使うことがあるかな。
この章では日常でよく使う割合を5つのテーマで説明しよう。

- プレゼンに役立つ「グラフの描き方」
- 全体を細かく分割するときに必要な「割合の割合」の考え方
- 資料を分析するときに必要な、資料の読み取り方
- アンケート調査のまとめに必要な「集合」の考え方
- 全体の中での位置を知るための「平均」
- 表示された成分が、どれくらい含まれるかを示す「濃度」の求め方
- 知っておくと便利な「比」の使い方

割合をグラフで表す

アンケート調査を行ったとき、リンゴを好きな人は60人、バナナが好きな人は30人、オレンジが好きな人は10人だったとします。このことを視覚的にプレゼンしたいとき、どうしたらよいでしょうか。一目見て、相手に情報を伝えるためにはグラフが有効です。その中でも円グラフや帯グラフを使うと、全体に対するリンゴを好きな人の割合（構成比）が視覚的に表されます。

Q1 円グラフ

ある商品の購買者を調査しました。男性と女性の年代別の構成比をそれぞれ円グラフに表しました。調査対象者は男性1000人、女性800人でした。

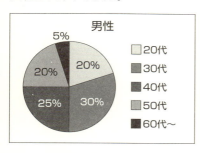
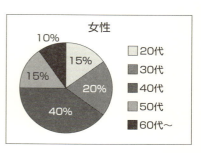

（1）調査対象者の中で、最も多くの人数を占める性別と年代はどの層か。

（2）20代と30代の合計人数は何人か。

（1）

　男性では30代、女性では40代が最も多いことがわかります。ただし、男性と女性では調査対象人数も違うので、実際の人数も違います。それぞれの人数を求めるには、全体の人数×構成比を計算します。

　　30代男性：1000×0.3＝300

　　40代女性：800×0.4＝320

　答え　全体の中で1番多く購入しているのは40代の女性

（2）

　　男性の20代と30代の合計人数：1000×0.5＝500

　　女性の20代と30代の合計人数：800×0.35＝280

　　20代と30代の合計人数：500＋280＝780

　答え　780人

> **ポイント**
> 円グラフを構成する要素の中心角は、360度にそれぞれの構成比をかけた値になります。最近、円グラフは表計算ソフトで作成するので構成比と中心角の関係を忘れがちです。

Q2 帯グラフ

　自社サイトの昨年と今年の1ヶ月の平均アクセス数を帯グラフに表しました。PC、スマホ、携帯電話からの利用者数の推移が読み取れます。昨年の1ヶ月平均のアクセス数は55000で、今年は60000でした。

(1) PCからのアクセス数は昨年から今年にかけて何人減ったか。
(2) スマホからのアクセス数は昨年から今年にかけて約何倍になったか。

(1)

　　昨年のアクセス数：55000×0.7＝38500
　　今年のアクセス数：60000×0.55＝33000
　　38500－33000＝5500
　　答え　5500人

(2)

　　昨年のアクセス数：55000×0.2＝11000
　　今年のアクセス数：60000×0.4＝24000
　　24000÷11000＝2.18……
　　答え　約2.2倍

> **ポイント**
> 帯グラフでは全体を100％とし、構成比に比例して横軸の長さが決まるので、時系列を追った変化が比較しやすくなります。注意するのは実数を比較しているのではなく、構成比を表している点です。

4章 ● 割合と集合の計算

まとめ

プレゼンなどをするときに、データを数字で提示するよりも視覚的に表すことができれば効果的です。円グラフ・帯グラフで表すこと、円グラフ・帯グラフを読み取ることに慣れましょう。

割合の割合を求める

　全体の6割がパン好きで、そのうちの30%がアンパン好き、このときアンパンを好きな人は全体の何割か——。このように、割合が2回出てくることはよくあることです。では、これを図で描き表せますか。割合の割合を図に描き表すことによって、全体の中での割合を視覚化しましょう。

Q1　割合に対して別の割合の情報が1つあるとき

　ある街の面積のうち住宅地の割合は1/3で、そのうち1/2が一戸建てです。一戸建ての面積は、ある街の面積の何分のいくつか。

　ある街の面積を1とした正方形を書きます。横軸に住宅地の割合（1/3）を描き、縦軸に一戸建ての割合（1/2）を描きます。

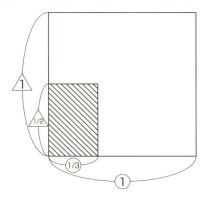

斜線の部分がある街で一戸建てが建っている面積の割合です。

たて（1/2）×よこ（1/3）で割合が求められます。

計算：1/2×1/3＝1/6

答え　1/6

ポイント
割合の割合を図の中に描きます。斜線で示された部分がその割合を表しています。

Q2 割合に対して別の割合の情報が2つあるとき

ある会社は全国展開をしている。東日本にいる社員は全社員の60％で、西日本にいる社員は40％。東日本にいる社員のうち男性の割合は55％で、西日本にいる社員のうち男性の割合は50％。このとき、全社員のうち女性社員の割合は何％か。

全社員の人数を面積1とした正方形を描きます。

横軸に全社員に対する東・西日本にいる社員の割合を書きます。

左側の縦軸に西日本にいる社員に対する男性の割合を、右側の縦軸に東日本にいる社員に対する男性の割合を描きます。

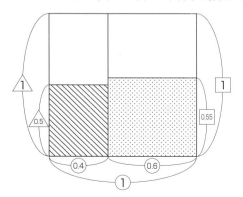

右側の点で塗られた部分は全社員に対する東日本の男性社員の割合を表し、左側の斜線で塗られた部分は全社員に対する西日本の男性社員の割合を表しています。

　　計算

　　　東日本の男性社員の割合：0.55×0.6＝0.33

　　　西日本の男性社員の割合：0.5×0.4＝0.2

　　　男性社員の割合：0.33＋0.2＝0.53

　　　女性社員の割合：1－0.53＝0.47

　　答え　47%

ポイント
縦軸は左側と右側では基準とするものが違います。区別するために△や□で囲みましょう。左側の縦軸は左側の横軸に対する割合だということを忘れずに。

Q3 分割された割合から全体の量を求めるとき

　会社の備品を購入することになった。購入費用のうち半分を使い、ノートパソコンを1台購入した。残りの費用の3分の2を使い、事務用品を購入した。すると当初、予定していた購入費用から3万円が残った。予定していた購入費用はいくらか。

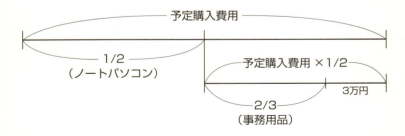

　線分図から予定購入費用の1/2の1/3が3万円になることがわ

かります。すなわち、予定購入費用の1/6が3万円です。よって、予定購入費用は18万円だったことがわかります。

答え　18万円

ポイント
割合の割合の情報と残りの量がわかっているときは、線分図を描いて全体像を把握しましょう。残りの量が全体に対して占める割合を求め、全体の量を求めます。

まとめ
割合の割合を求めるには面積1とした正方形の中に描き出すことによって、視覚的に捉えることができます。その際、縦は左右で基準とするものが違うので注意します。

表から割合と実数を読み取る

表を読み取り、データを分析するのは社会人に不可欠です。表の中にある実数、割合、密度などのデータから情報を正確に抽出する必要があります。データを読み取り、分析する方法を学びましょう。

Q1 表と割合

男性と女性に、ある商品の満足度について調査を行ったところ、下表のような結果となった。

	満足	不満足	計
男性	70%	30%	300人
女性	45%	55%	200人

満足している人は全体の何％か。

満足している男性と女性の人数をそれぞれ計算します。

　計算

　　満足している男性：300×0.7＝210

　　満足している女性：200×0.45＝90

よって、満足している人は300人です。

つまり、500人のうち、300人が満足していることになります。「くもわ」の関係で計算します。

　計算

300÷500=0.6

答え　60%

> **ポイント**
> 表から実数と割合を読み取り、計算で求めます。求めた実数を分析して必要な情報を抽出しましょう。

Q2 表と密度

ある県の3つの市の面積、人口密度、高齢化率のデータがわかっている。

	面積（km²）	人口密度（人/km²）	高齢化率
A市	1200	500	35%
B市	500	1000	20%
C市	800	900	25%

3市のうち、高齢者の人数が最も多いのはどの市か。

まず、3市の人口を求めます。人口は面積×人口密度で計算できます。

計算

A市の人口：1200×500＝600000

B市の人口：500×1000＝500000

C市の人口：800×900＝720000

次に、高齢者の人数を計算します。高齢者の人数は人口×高齢化率です。

計算

A市の高齢者数：600000×0.35＝210000

B市の高齢者数：500000×0.2＝100000

C市の高齢者数：720000×0.25＝180000

答え　高齢者の人数が一番多いのはA市

ポイント
密度は単位に計算のヒントが含まれています。密度と何を掛ければよいのかは単位からわかります。密度の計算から得られた実数をもとにデータを分析しましょう。

Q3 シフト表

あるお店の1日のシフト表です。アルバイトの店員は5人（A、B、C、D、E）います。

人＼時間	10時〜	11時〜	12時〜	13時〜	14時〜	15時〜	16時〜	17時〜	18時〜	19時〜	20時〜	21時〜	22時〜
A	○	○	○	○	○	○							
B	○	○				○	○	○					
C						○	○	○		○	○	○	○
D									○	○	○	○	○
E									○	○	○	○	○

時給

　10：00〜14：00　950円

　14：00〜18：00　1000円

　18：00〜23：00　1100円

4章 ● 割合と集合の計算

このお店の、1日の人件費はいくらか。

時給は時間帯ごとに違うので時間ごとに何人働いたかを調べる必要があります。

10時~	11時~	12時~	13時~	14時~	15時~	16時~	17時~	18時~	19時~	20時~	21時~	22時~
2	2	2	2	1	3	2	2	3	3	3	3	3

次に時間帯ごとに何人が働いたかを求めます。

10:00~14:00は上の表から8人だとわかります。(計算：2+2+2+2=8)

同じように14:00~18:00の間には合計で8人、18:00~23:00の間には合計で15人が働いています。それぞれの時間帯ごとの人件費は、時給×合計人数で求まります。それらの合計が1日の人件費です。

計算：10:00~14:00　950×8=7600
　　　14:00~18:00　1000×8=8000
　　　18:00~23:00　1100×15=16500
　　　7600+8000+16500=32100

答え　32100円

> **ポイント**
> シフト表を活用することは複数の人を活用して、事業を運営していくときに必要になります。効果的にシフトを組むことで無駄のない経営を実現しましょう。

Q4 工程表

3台の機械を使って製品Xを製造します。3台の機械はそれぞれ時間あたりの製造量がちがいます。機械Aは1時間に30個、機械Bは40個、機械Cは50個生産できます。この工場では、同時に2台までしか機械を稼働させることができません。このとき、下の表に機械の稼働した時間を表しています。（アミ部分）

機械＼時間	9時～	10時～	11時～	12時～	13時～	14時～	15時～	16時～	17時～
A	▨	▨		▨	▨	▨			
B	▨	▨	▨			▨	▨	▨	
C			▨	▨	▨		▨	▨	▨

1日あたり製品Xは何個製造できたか。

それぞれの機械の稼動時間を表から読み取ります。
　機械A：5時間　機械B：6時間　機械C：6時間
3台それぞれの製造個数は（1時間あたりの製造個数）×稼動時間なので以下のとおりです。

　計算
　機械A：30×5＝150
　機械B：40×6＝240
　機械C：50×6＝300

4章●割合と集合の計算

製造個数は3台の合計となります。

計算

150＋240＋300＝690

答え　690個

ポイント
工場で製造管理をするとき、効果的に機械を稼働させるには工程表を作成します。工程表から製造個数の把握ができるようにしましょう。

まとめ
データを分析する機会はよくあります。できるだけ多くの情報を抽出して、自らの行動選択に活かしましょう。

4 データを図や表にまとめる

　アンケート調査の結果をどのようにまとめるかで、プレゼンの価値が決まってきます。では、どのようなまとめ方があるでしょうか。よく使われるのはベン図と表です。それぞれのまとめ方を見ていきましょう。

ベン図にまとめる

サッカー部に40人所属している　　　野球部には30人所属している

と表します。

また、両方の部に所属している人が10人いるとき

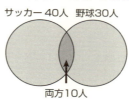

と表します。

表にまとめる

　サッカー部に40人所属し、野球部に30人所属し、両方の部に10人所属しているとします。全体で100人います。この情報を表にまとめていきます。

まず、表を横に見ていきます（下表参照）。

①は野球部に入っている人とサッカー部に入っている人が交差しています。つまり、野球部とサッカー部に両方入っている人の人数を書き入れます。

②はサッカー部に入っている人と野球部に入っていない人が交差しているので、サッカー部にのみ入っている人の人数を書き入れます。

③は表の①と表の②の合計人数を書き入れます。つまり、野球部に入っていようがいまいが、サッカー部に入っている人です。

④は野球部に入っている人とサッカー部に入っていない人が交差しているので、野球部だけ入っている人の人数を書き入れます。

⑤は野球部にもサッカー部にも入っていない人の人数を書き込む欄です（現在は不明）。

⑥は表の④と表の⑤の合計人数を書き入れます。つまり、サッカー部に入っていない人です。

今度は表を縦に見ていきます。

⑦は①と④の合計の人数を書き入れます。つまり、野球部に入っている人の合計人数です。

	野球部		
	入っている	入ってない	
	○	×	
サッカー部 入っている	①	②	③
サッカー部 入ってない ×	④	⑤	⑥
	⑦	⑧	⑨

①：サッカー部と野球部の両方に所属する人
②：サッカー部にのみ所属する人
③：サッカー部に所属する人
④：野球部のみに所属する人
⑤：サッカー部にも野球部にも所属しない人
⑥：サッカー部に所属しない人
⑦：野球部に所属する人
⑧：野球部に所属しない人
⑨：全体の人数

⑧は②と⑤の合計の人数を書き入れます。つまり、野球部に入っていない人の合計人数です。

最後に、⑨に全体の人数を書き入れます。

人数がわかっているところは具体的な数値を記入しましょう。

①＝10　③＝40　⑦＝30　⑨＝100

	野球部		
サッカー部		○	×
	○	10	②	40
	×	④	⑤	⑥
		30	⑧	100

上記の表から下のようにわかる部分を計算していきます。

> ①：サッカー部と野球部の両方に所属する人
> 　→10人
> ②：サッカー部にのみ所属する人→30人
> 　計算：40－10＝30
> ③：サッカー部に所属する人→40人
> ④：野球部のみに所属する人→20人
> 　計算：30－10＝20
> ⑤：サッカー部にも野球部にも所属しない人
> ⑥：サッカー部に所属しない人→60人
> 　計算：100－40＝60
> ⑦：野球部に所属する人→30人
> ⑧：野球部に所属しない人→70人
> 　計算：100－30＝70
> ⑨：全体の人数→100人

4章 ● 割合と集合の計算

ここまでを表に記入しましょう。

<table>
<tr><td colspan="2"></td><td colspan="3">野球部</td></tr>
<tr><td rowspan="4">サッカー部</td><td></td><td>○</td><td>×</td><td></td></tr>
<tr><td>○</td><td>10</td><td>30</td><td>40</td></tr>
<tr><td>×</td><td>20</td><td>⑤</td><td>60</td></tr>
<tr><td></td><td>30</td><td>70</td><td>100</td></tr>
</table>

①：サッカー部と野球部の両方に所属する人
　　→10人
②：サッカー部にのみ所属する人→30人
③：サッカー部に所属する人→40人
④：野球部のみに所属する人→20人
⑤：サッカー部にも野球部にも所属しない人
⑥：サッカー部に所属しない人→60人
⑦：野球部に所属する人→30人
⑧：野球部に所属しない人→70人
⑨：全体の人数→100人

表から⑤は40人とわかります。

Q1 2種類の集合

ある大学で100人の学生を対象に、通学時の電車とバスの利用についてアンケートを取ったところ、電車を利用すると答えた学生は70人、バスを利用すると答えた学生は40人いた。 また、電車とバスの両方を利用すると答えた学生は25人であった。このとき、電車とバスの両方とも利用しないと答えた学生は何人か。

ベン図を使う方法

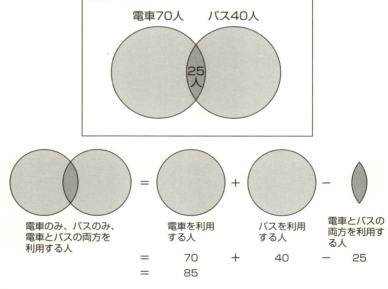

電車とバスの両方を利用する人は、ダブってカウントされているので、電車を利用する人とバスを利用する人の合計から差し引きます。これで電車かバスを利用する人の数は85人だとわかります。

4章 ●割合と集合の計算

電車、バスのいずれも利用しない人は全体の100人から85人を引いた人数になります。

答え　15人

表を使う方法

電車＼バス	○	×	
○	①	②	③
×	④	⑤	⑥
	⑦	⑧	⑨

- ①：電車とバスの両方に乗る人
- ②：電車のみに乗る人
- ③：電車に乗る人
- ④：バスのみに乗る人
- ⑤：電車にもバスにも乗らない人
- ⑥：電車に乗らない人
- ⑦：バスに乗る人
- ⑧：バスに乗らない人
- ⑨：全体の人数

では、わかっている人数を書き入れていきましょう。

電車＼バス	○	×	
○	25	②	70
×	④	⑤	⑥
	40	⑧	100

- ①：電車とバスの両方に乗る人
  →25人
- ②：電車のみに乗る人
- ③：電車に乗る人
  →70人
- ④：バスのみに乗る人
- ⑤：電車にもバスにも乗らない人
- ⑥：電車に乗らない人
- ⑦：バスに乗る人→40人
- ⑧：バスに乗らない人
- ⑨：全体の人数→100人

表の残りを計算して書き入れましょう。

		バス ○	バス ×	
電車	○	25	45	70
電車	×	15	⑤	30
		40	60	100

① : 電車とバスの両方に乗る人
　→25人
② : 電車のみに乗る人→45人
　計算 : 70−25=45人
③ : 電車に乗る人
　→70人
④ : バスのみに乗る人→15人
　計算 : 40−25=15人
⑤ : 電車にもバスにも乗らない人
⑥ : 電車に乗らない人→30人
　計算 : 100−70=30
⑦ : バスに乗る人→40人
⑧ : バスに乗らない人→60人
　計算 : 100−40=60
⑨ : 全体の人数→100人

表から、電車もバスも利用しない人数（⑤）は15人だとわかります。

ポイント
2種類のものをベン図と表にまとめる方法を覚えましょう。アンケートの結果からわかっている数値を書き入れ、残りを計算します。

Q2　3種類の集合

50人のクラスのうち、英語を話せる人が31人、フランス語を話せる人が26人、イタリア語を話せる人が16人で、英語とフランス語を話せる人が15人、フランス語とイタリア語を話せる人が7人、英語とイタリア語を話せる人が10人いる。さらに英語とフランス語とイタリア語を3つとも話せる人が2人いるとき、3つの言語とも話せない人の人数は何人か。

4章 ● 割合と集合の計算

ベン図を使う方法

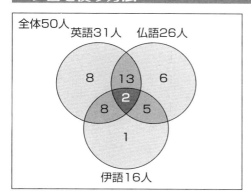

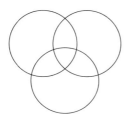

何らかの言語を話せる人はそれぞれの人数の合計です。
=8+8+13+2+6+5+1
=43

3つの言語とも話せない人の人数は全体の50人から43人を引いた人数になります。

答え　7人

表を使う方法

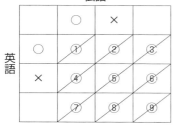

①：英語と仏語を話す人
②：英語のみ話す人
③：英語を話す人
④：仏語のみ話す人
⑤：英語も仏語も話せない人
⑥：英語を話せない人
⑦：仏語を話す人
⑧：仏語を話せない人
⑨：全体の人数

①のところを例に取ると

ア：英語と仏語を両方話せる人で伊語も話せる人
イ：英語と仏語は話せるが、伊語は話せない人

この表の中にわかっている人数を書き入れていきましょう。

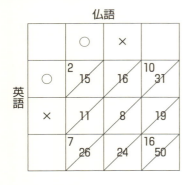

残りの部分を計算して書き入れましょう。

まず、①〜⑨を完成させます。①〜⑨までは例にあるときと同じように計算していきます。

わからなくなったら、例のところに戻りましょう。

4章●割合と集合の計算

次に、アのところに数字が記入されている枠のイの部分を求めていきます。

①のところのイは13人です。（計算：15－2＝13人）

同じように③のイ、⑦のイ、⑨のイを計算して、記入します。

	仏語		
	○	×	
○	2 / 15 / 13	16	10 / 31 / 21
×	11	8	19
	7 / 26 / 19	24	16 / 50 / 34

（英語）

```
①イ→13人
 計算：15－2＝13
③イ→21人
 計算：31－10＝21
⑦イ→19人
 計算：26－7＝19
⑨イ→34人
 計算：50－16＝34
```

アだけをたて横に見て、①～⑨を求めたように計算していきます。

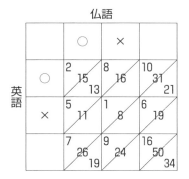

```
②ア→8人
 計算：10－2＝8
④ア→5人
 計算：7－2＝5
⑥ア→6人
 計算：16－10＝6
⑧ア→9人
 計算：16－7＝9
最後に
⑤ア→1人
 計算：6－5＝1
```

同じようにイの部分も計算します。

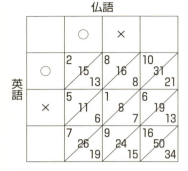

②イ→8人
　計算：21−13=8
④イ→6人
　計算：19−13=6
⑥イ→13人
　　計算：34−21=13
⑧イ→15人
　　計算：34−19=15
最後に
⑤イ→7人
　　計算：13−6=7

表から、3つの言語とも話せない人は7人だとわかります。

ポイント

3種類のものをベン図や表にまとめる方法を覚えましょう。アンケートの結果からわかっている数値を書き入れ、残りを計算します。表を使う方法はどこに何を書くのかを考えましょう。

まとめ

アンケート結果をまとめるとき、図や表は有効です。プレゼン用の資料としても活用できます。3種類の集合をまとめる表としてキャロル表というものもあります。

4章 ●割合と集合の計算

5 平均の意味を知る

　平均点、平均体重など、平均を使うことはよくあります。平均を知ることで自分の位置を知ることができますし、異なった集団の平均を計算することで、集団同士を比較することもできます。しかし、平均には種類があります。一般的には相加平均のことを平均といいます。計算方法は　　全体の合計÷個数（人数）　　です。

　また、平均と全体の合計がわかれば個数がわかり、平均と個数がわかれば全体の合計がわかります。注意が必要なのは、速度や密度など相加平均では求められないものもあることです。

Q1　人数とそれぞれの身長がわかるとき

　3人（A、B、C）の身長は175cm、165cm、170cmのとき、平均身長はいくらか。

　身長を縦にして、図で表すと下図のようになります。

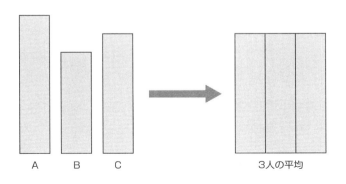

　まとめると、デコボコだったのが、長方形になります。これが

135

平均化するということです。図で捉えることで平均を視覚化しましょう。

計算
(175＋165＋170)÷3＝170

答え　170cm

> **ポイント**
> 平均を求めるには全体の合計と個数が必要です。

Q2 平均と1人の身長がわかっているとき、残り2人の平均身長を求める

3人の身長の平均は165cmで、A君の身長は155cm。B君とC君の平均身長は何cmか。

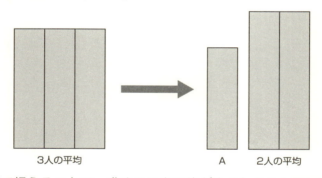

図で捉えることで、求めるべき平均がよくわかると思います。

計算

3人の合計：165×3＝495

B君とC君の合計：495－155＝340

B君とC君の平均：340÷2＝170

> **ポイント**
> 平均から合計を求めるには平均×人数で計算します。

答え　170cm

4章 ● 割合と集合の計算

Q3 平均の情報が2つあるとき、全体の情報を求める

A君は英語のテストを5回受験した。前半の3回は勉強不足のため、平均点は55点だった。テスト対策をしたので、4回目と5回目の平均点は75点となった。5回通しての平均点は何点か。

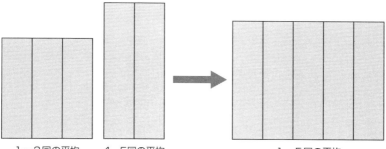

1〜3回の平均　　4、5回の平均　　　　　　　1〜5回の平均

全体の平均は2つの長方形を1つにした長方形で表せます。

計算

　1〜3回目の合計点：55×3＝165

　4、5回目の合計点：75×2＝150

　全体の合計点：165＋150＝315

　1〜5回の平均：315÷5＝63

ポイント
平均から合計を求めて、全体の合計を計算します。

答え　63点

Q4 平均はわかるが、全体の合計がわからないとき

ある会社には100人の社員がいる。男性の平均年齢は35歳、女性の平均年齢は28歳。全社員の平均年齢は32.2歳。男性は何人いるか。

全体の合計がわからないときの平均は方程式、面積図、てんび

んを使います。ここでは、てんびんを使って解いてみましょう（てんびんの使い方は次項「濃度」を参考にしてください）。

平均年齢の低い方を左側に書きます。全社員の平均年齢との差を求めます。

　　左側の平均年齢の差：右側の平均年齢の差
　　　　　　　＝（32.2－28）：（35－32.2）＝4.2：2.8＝3：2
てんびんの腕の長さ（年齢差）の比は重り（人数）の比と逆比の関係になることから、男女の社員数の比は

　　女性社員の人数：男性社員の人数＝2：3
となります。

男性社員の人数は全社員の3/5になります。よって、男性社員は60人とわかります。

答え　60人

> **ポイント**
> 全体の合計がわからないときの平均はてんびんを使ってみましょう。てんびんの上に平均、下に個数(人数)を書きます。

Q5 往復するときの速度の平均

同じ道を車で往復したとき、行きは時速60kmで帰りは40kmで走った。全行程の平均の速さは時速何kmか。

道のりと時間の情報は決まっていません。このようなとき、仮

の道のりを設定すると時間が決まります。つまり、往復の道のりと往復にかかった時間が決まります。

では、仮の道のりをいくらにしたらよいでしょうか。計算しやすいように、行きの時速と帰りの時速の最小公倍数を道のりとします。60と40の最小公倍数は120なので、道のりを120kmとします。行きの時間は2時間で、帰りの時間は3時間になります。行きと帰りの合計時間は5時間です。往復の道のりは240kmなので、全行程の平均時速は時速48kmになります。

答え　時速48km

ポイント
往復の時速は足して2で割るのでは求められません。道のりはわかっていなくとも、行きと帰りの時速はわかっているので、道のりを行きと帰りの時速の最小公倍数とすることで行きと帰りの仮の時間が求まります。仮の時間から速度を求めます。

Q6 密度の平均

A市とB市は合併することになった。A市は面積1000km²で人口密度は500人/km²。B市は面積1500km²で人口密度は250人/km²。合併後の市の人口密度は何人/km²か。

密度どうしを足すことはできません。まず、それぞれの市の人口を求めます。人口は人口密度×面積です。

計算

A市の人口：500×1000＝500000

B市の人口：250×1500＝375000

２つの市の人口の合計：500000＋375000＝875000
　人口密度は人口÷面積で求まるので、２市の面積の合計を計算する必要があります。
　　計算
　　２市面積の合計：1000＋1500＝2500
人口密度は人口÷面積なので
　　合併後の密度：875000÷2500＝350

　　答え　350人/k㎡

> **ポイント**
> 人口密度同士を足すことはできません。人口密度と面積から人口を計算します。面積の合計と人口の合計から、人口密度を求めましょう。

> **まとめ**
> 平均を求めるには全体の合計を求める必要があります。しかし、それぞれの数値を足しただけでは合計が求められない場合があるので、注意します。

4章 ●割合と集合の計算

濃度の変化にも対応する

濃度○%という表記をよく見かけます。表示された成分が、どれくらい含まれているのか、すぐに求められますか。また、異なる濃度のものを混ぜると、少しややこしくなります。そこで、濃度の基本から見直して、どんな濃度変化にも答えられるようになりましょう。

ビーカーを描く

まず、右のようなビーカーの模式図を描きます。

問題文に与えられた情報を右図の位置に描き入れます。

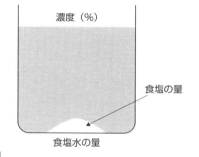

例

濃度20%の食塩水100g

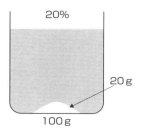

食塩は次ページに示す公式で計算すると20gと求まります。

141

濃度の公式

食塩水の問題で必要になる公式は2つです。

覚えるというよりは意味を理解しておきましょう。

1) 濃度を求める公式

$$濃度 = \frac{食塩の量}{食塩水の量} \times 100$$

2) 食塩を求める公式

$$食塩 = 食塩水 \times \frac{濃度(\%)}{100}$$

例

食塩20gを水80gに溶かしてできる食塩水の濃度は%か。

まず、ビーカーを描きます。

濃度の公式から
$$濃度 = \frac{20}{100} \times 100$$
$$= 20$$

答え　20%

濃度20%の食塩水150gに溶けている食塩の量は何gか。

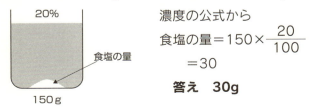

濃度の公式から
$$食塩の量 = 150 \times \frac{20}{100}$$
$$= 30$$

答え　30g

2つの食塩水を混ぜるときの分類

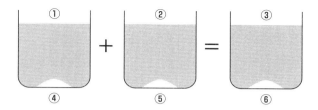

上のビーカーにある①〜⑥のうちどこがわからないかによって2つのタイプに分類できます。タイプ別に処理の仕方がちがいます。
1）濃度が1つだけわからないとき（図の①〜③のどれかがわからないとき）
2）食塩水の量が2つわからないとき（④〜⑥のうち2つがわからないとき）

具体的な解き方はそれぞれの問題で見ていきます。

（参考）てんびんを使う方法

てんびんとはみなさんが知っている天秤ばかりのことです。

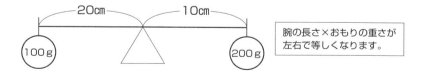

腕の長さ×おもりの重さが左右で等しくなります。

この関係を食塩水の問題に使います。
例えば
濃度10％100gの食塩水と濃度40％200gの食塩水を混ぜると濃度30％300gの食塩水ができます。

これをてんびんで表してみましょう。

食塩水の問題ではおもりの重さを食塩水の量に、腕の長さを濃度の差に置き換えます。

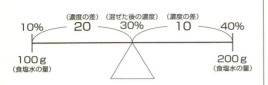

```
手順
①てんびんを描きます。
②濃度の低い方を左側に描きます。支点のところに混ぜた後の濃度を描きます。
③濃度の差を左右ともに描きましょう。
④濃度の下にそれぞれ食塩水の量を描きます。
```

どうですか。つりあっていることがわかりますか。

濃度の差×食塩水の量は等しくなっています。

また、**左の濃度の差：右の濃度の差＝右の食塩水の量：左の食塩水の量**　になります。

このように逆比関係になることはよく覚えておきましょう。

Q1 濃度が1つだけわからないとき（公式の図の①～③のどれかがわからないとき）

→ビーカーと公式を使えばわからない濃度が求まります。

または、てんびんを使う方法もあります。

濃度10%の食塩水240gと濃度15%の食塩水160gをまぜてできる食塩水の濃度は何%になるか。

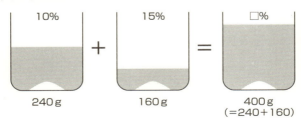

まず、ビーカーを描き、情報を描き入れましょう。

次に、食塩の量を公式から求めます。

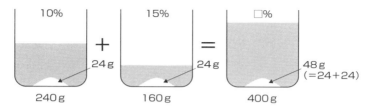

ここまでできましたか。

あとは濃度を求める公式で計算します。

濃度 $= \dfrac{48}{400} \times 100$

　　　$= 12$

答え　12%

てんびんを使う方法も試してみましょう。

濃度の差を求めます。

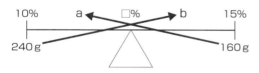

濃度の低い方を左側に描きます。食塩水の量を簡単な比に直し逆比にして、てんびんの上側に記入します。

　$15 - 10 = 5$

濃度の差5を2：3に内分した点が支点の位置になるので、5を2：3に比例配分するとaが2とわかります。

よって、混ぜたあとの濃度は12（＝10＋2）％だとわかります。

Q2 食塩水の重さが2つわからないとき（④〜⑥のうち2つがわからないとき）

→この場合は方程式またはてんびん、面積図を使います。

（ここではてんびんで解きます。面積図は5章の鶴亀算のところで説明します）

6％の食塩水400gと15％の食塩水をまぜて、9％の食塩水ができた。このとき、15％の食塩水を何g混ぜたか。

まず、ビーカーを描きましょう。

図よりｃが400だとわかるので、ｄは200になります。このことから15％の食塩水の量は200gだとわかります。

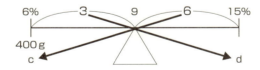

答え　200g

> **ポイント**
> てんびんを描く手順に慣れましょう。次に、濃度差をそれぞれ求めます。濃度の差の逆比が食塩水の量の比になります。

4章●割合と集合の計算

Q3 2つのビーカー間でのやりとり

2つの食塩水A、Bがある。Aは12%の食塩水200gで、Bは4%の食塩水300g。はじめAの食塩水100gをBに入れてよくかき混ぜた後、Bの食塩水100gをAに入れてかき混ぜた。このときAの食塩水の濃さは何%か。

まず、ビーカーを描いて状況を整理し、操作後のAの容器の状態を求めましょう。

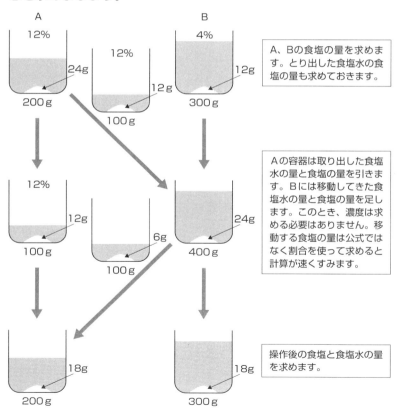

147

濃度の公式から
$$\frac{18}{200} \times 100 = 9$$
答え　9％

てんびんを使う

重りの比（水溶液の重さの比）と腕の長さ（濃度差の比）は逆比の関係になることを利用します。

１回目の操作の後のＢの容器の濃度を求める

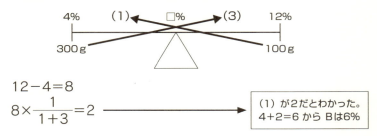

$12 - 4 = 8$
$8 \times \dfrac{1}{1+3} = 2$ ──→ （1）が２だとわかった。
　　　　　　　　　　　　　4+2=6 から Bは6％

２回目の操作の後のＡの容器の濃度を求める

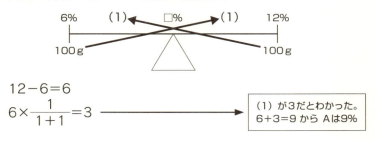

$12 - 6 = 6$
$6 \times \dfrac{1}{1+1} = 3$ ──→ （1）が３だとわかった。
　　　　　　　　　　　　　6+3=9 から Aは9％

Q4　１つのビーカーで捨てたり、加えたりするとき

10％の食塩水200gから食塩水20gを取り出して、水を20g入れてよくかき混ぜ、また食塩水20gを取り出して、水を20g入れてよくかき混ぜると、何％の食塩水になるか。

4章 ● 割合と集合の計算

ビーカーを描いて状況を整理しましょう。

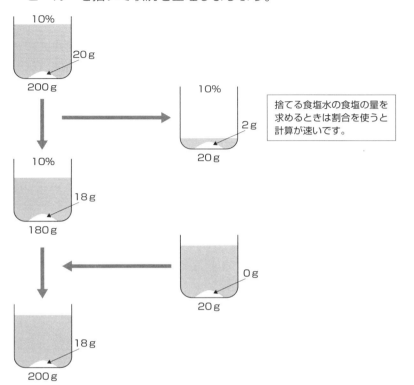

この作業をもう一回繰り返す。すると、最後のビーカーの状態は左図となる。

濃度の公式から

$$\frac{16.2}{200} \times 100 = 8.1$$

答え 8.1%

てんびんを使う

1回目に捨てた後、10%の食塩水が180g残る。
これに20gの水を足すので、

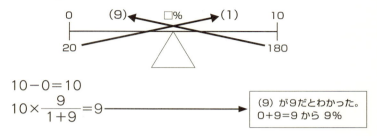

$10 - 0 = 10$

$10 \times \dfrac{9}{1+9} = 9$ ──────→ (9)が9だとわかった。
　　　　　　　　　　　　　　　　　0+9=9 から 9%

もう一度この操作を繰り返すので同様にてんびんを使って8.1%の食塩水になることがわかる。

まとめ

濃度を考えるとき、ビーカーの図を描いて状態を視覚化しましょう。あとは、公式やてんびんを使い、計算します。

4章 ●割合と集合の計算

比の上手な使い方

日常生活でも、比を使って考えることはよくあります。たとえば、縦と横の比が2：3の長方形があるとき、縦が10cmのとき横は何cmにすればよいか。30個を2：1に分けるには何個と何個に分ければよいか。このようなことはよくあります。比の上手な使い方を覚えましょう。

Q1 比例式

まず、比例式の計算方法を見直しましょう。

①：②＝③：④
⇒①×④＝②×③

外側どうしのかけ算の答えと内側どうしのかけ算の答えは等しくなります。

3：24＝5：□
⇒3×□＝24×5
⇒□＝120÷3
⇒□＝40

300g：2.7kg＝□：9
⇒300：2700＝□：9
⇒2700×□＝300×9

ポイント
単位をgにそろえて比例式の計算をします。

⇒□=2700÷2700
⇒□=1

45分：2時間30分＝3：□
⇒45：150＝3：□
⇒45×□＝150×3
⇒□＝450÷45
⇒□＝10

> **ポイント**
> 単位を分にそろえます。

Q2 比で数量を分ける

300人の社員がいる。男女の比が3：2のとき、男性は何人か。

男性、女性、全体を比で表すと下の表のようになります。
比は実際の数量ではないので区別するために○で囲みます（以下○囲みは同じ）。
全体の人数は②＋③で⑤となります。

男性	女性	全体
③	②	⑤

社員の人数は300人なので、⑤は300人です。
つまり、①は60人です（300÷⑤＝60）。
男性は③なので180人とわかります（60×③＝180）。

答え　180人

食塩が1kgある。これを2：3：5の比で小分けにして袋詰めにする。2番目に重い袋には何g入っているか。

4章●割合と集合の計算

1番目に重い、2番目に重い、3番目に重い袋の比は下の表のようになります。

合計は②+③+⑤で⑩となります。

1番目に重い袋	2番目に重い袋	3番目に重い袋	合計
⑤	③	②	⑩

食塩は1kgあるので、⑩は1000g（1kg）。つまり、①は100gです。

2番目に重い袋は③なので、300gとわかります。

答え　300g

ポイント
比で分けるとき(比例配分)の計算は全体を比で表すといくつになるか。次に①はいくつかを求めます。知りたい比が実際の数値でいくらかを計算します。

Q3　比が連続しているとき

3つのプロジェクトを運営することになった。AチームとBチームの人数比は2：3。また、BチームとCチームの人数比は4：5。Aチームに16人が必要なとき、Cチームは何人必要か。

Cチームの人数を知るためには、AチームとCチームの人数の比を求めます。そのために、2つの比をつなげます。共通しているBチームに注目します。しかし、Bチームの比の数値はA：BとB：Cのときでは異なります。そこで、Bチームの比の数値をそろえます。3と4の最小公倍数の12でそろえます。分母が違うとき、通分する発想と同じです。Aチームの比の数値は8、Cチームの比の数値は15になります。通分するときの分子と同じ

です。

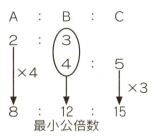

A：C＝Aの人数：Cの人数

8：15＝16：□

　⇒8×□＝15×16

　⇒□＝240÷8

　⇒□＝30

比例式からCチームは30人だとわかります。

> ⑧が16人なので、①は2人です。⑮は30人になります。比例式を使わないほうが、計算が速いのなら、このような考えも大丈夫です。

答え　30人

ポイント
比の関係が2つあるときは、共通している部分に注目して比をつなげることを考えます。比をつなげるとき注意が必要なのは、比を実際の数値と同じようにあつかえないことです。通分をするように最小公倍数を使って、共通している部分をそろえます。

Q4 逆比

　速さの問題では距離が等しいとき、速さと時間は逆比の関係になることが使えました。実は、速さと時間だけでなく2つの数量のかけ算の答えが等しくなるとき、逆比の関係が使えます。

　逆比の関係を使うと計算を簡単にすることができます。

　　（例）逆比が出てくる場合

4章●割合と集合の計算

- 面積が等しいときの縦と横の関係
- てんびんの腕の長さとおもりの関係
- 距離が等しいときの速さと時間の関係
- 歯車の歯の数と回転数の関係　など

　今まで、1時間あたり40個生産できる機械を1日に5時間稼働させてきた。今回、新しい機械を購入した。新しい機械だと4時間で今までの1日の生産個数を達成できる。新しい機械の1時間あたりの生産個数はいくつか。

　古い機械を使用したときの1日の生産個数を計算してもよいですが、逆比の関係が成り立つので、逆比を使ってみましょう。この問題では1日の生産個数は同じことを利用します。古い機械の稼動時間と新しい機械の稼動時間の比と古い機械の1時間あたりの生産個数と新しい機械の1時間あたりの生産個数の比は逆比の関係になります。古い機械の生産個数と新しい機械の生産個数の比を求めます。

古い機械の稼動時間：新しい機械の稼働時間　＝　5　：　4

古い機械1時間あたりの生産個数：
新しい機械1時間あたりの生産個数
となります。

逆比の関係

＝　4　：　5

$4:5=40:\square$
$\Rightarrow 4\times\square=5\times40$

> ④が40個なので、①が10個です。⑤は50個になります。比例式を使わないほうが、計算が速いのなら、このように考えても大丈夫です。

⇒□＝200÷4
⇒□＝50

　新しい機械の1時間あたりの生産個数は比例式から50個とわかります。

　　答え　50個

ポイント
比があったら、逆比の関係が成り立つか考えてみましょう。逆比の関係をうまく活用すると、計算が簡単になります。

まとめ

比はよく使われますが、使いこなすのはなかなか難しい。しかし、うまく活用すると算数的感覚を高めることができます。

5章
場合と確率・推測の計算
―― 損得の予想を数字で出せますか？

①場合の数の使い方
②確率の求め方
③損得の予想に役立つ期待値
④2種類のモノの関係を図示する
⑤等しい間隔で起きる場面での計算
⑥数量を推測する

～ Introduction ～

　新規プロジェクトを会社が計画しています。プロジェクトは２種類。どちらのプロジェクトに投資をした方が会社にとって得になるでしょうか。

	成功する確率/利益	失敗する確率/損失
プロジェクトA	0.8/100万円	0.2/50万円
プロジェクトB	0.6/150万円	0.4/100万円

トレーナー：いま計画されているプロジェクトがあるんだけど、君たちならどちらに投資をするかな？

新人（男）：どちらがいいか、一概には言えないと思います。プロジェクトAは言わばローリスク・ローリターン。逆にプロジェクトBはハイリスク・ハイリターンですね。

トレーナー：その通りだね。でも、ハイリスクとかローリスクというのは話がアバウトだね。どうやって評価する？

新人（男）：期待値を求めれば、評価できますね。

新人（女）：何、それ。私、ぜんぜんわかんない。

トレーナー：期待値の求め方はこの章の中で説明するけど、それによるとプロジェクトAは90万円、プロジェクトBは130万円になる。

新人（男）：そう考えると、プロジェクトBの方がよいように思えるけど、４割の確率で100万円の損をするんだ。

トレーナー：そうだね。そうやって、ものを見ることが戦略的に考えていると言えるんだ。ビジネスの現場では、かけひきの繰り返しだからね。

新人（女）：私、今までずっと流されて生きてきたから、戦略的とか

　　　　　　　言われても困っちゃう。
新人（男）：社会人になったら戦略を立て、物事を計画的に進めることは、大切だよ。確率が出てくる場面は社会の中で多いからね。たとえばトランプはしたことあるでしょ。トランプゲームはいろいろあるけど、確率が結構関係しているんだ。
新人（女）：そーなんだ。知らなかった。
トレーナー：戦略的に考えることは、何も確率だけでなく、2つのものを選択するときにだって必要だね。
新人（男）：取引先を決めるときに、相手を分析することなんかありそうですね。
新人（女）：私、人間関係には自信があるわ。
トレーナー：それは大切だよ。社会で生きていくうえでも、戦略的にものを考えるうえでもね。2つのもの（人）の間にどのような関係があるのかを捉えることが、戦略的に考えるうえで必要だからね。
新人（女）：なんか、やっていけそうな気がする。
新人（男）：ホント？　調子いいなあ。
トレーナー：この章では戦略的に考えるのに必要なものを4つのテーマで説明しよう。
　　・組み合わせを作るのに必要な「場合の数」の使い方
　　・ゲームに強くなるための「確率」の求め方（期待値）
　　・かけひきに強くなるための2種類のものの関係
　　・数量を推測するのに役立つ視覚化
　　少し難しいかもしれないががんばって。

1 場合の数の使い方

　場合の数の基本は「選んで並べる」ときと「選ぶ」ときの2パターンです。「選んで並べる」ときと「選ぶ」ときを示すそれぞれの記号と計算方法をマスターしましょう。実際の問題はこの2パターンをどのように使うかです。

「選んで並べる」とき

記号はPを使います。

具体例で使い方を覚えましょう。

　例　5人から3人を選んで1列に並べる数。

　　　記号　$_5P_3$　と書きます。

　　　計算　$5×4×3=60$

> 5から始めて3つ分の数字をかけます。
> なお、PはPermutation（順列）の頭文字です。

「選ぶ」とき

記号はCを使います。

具体例で使い方を覚えましょう。

　例　5人から3人を選ぶ選び方の数

　　　記号　$_5C_3$　と書きます。

　　　計算　$\dfrac{5×4×3}{3×2×1}=10$

> 分子は5から小さい方へ3つ分の数字をかけます。
> 分母は1から大きい方へ3つ分の数字をかけます。
> なお、CはCombination（組合せ）の頭文字です。

5章 ●場合と確率・推測の計算

Q1 人を選んで並べる

男の子3人、女の子4人から4人を選んで1列に並べるとき、並び方は何通りか。

7人から4人を選んで並べる
→ $_7P_4$
→ $7 \times 6 \times 5 \times 4 = 840$

答え　840通り

ポイント
選んで並べるときは記号のPを使います。計算の仕方を覚えましょう。

Q2 条件付きで人を並べる①

男の子3人、女の子4人が1列に並ぶとき、男の子どうしが隣り合わない並び方は何通りか。

男の子どうしが隣り合わないようにするには女の子を1列に並べ、その間に男の子を入れるときです。まず、女の子を1列に並べることを考えましょう。下の図は女1→女2→女3→女4の順に並べたときです。

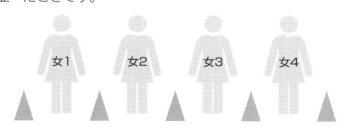

左から順に5ヵ所、男の子を入れる場所があります。男の子はそれぞれ区別されるので、5ヵ所の場所を選ぶだけでなく、それぞれに並び順があります。なので選んで並べるときを考えます。したがって記号は$_5P_3$で、計算式は5×4×3＝60です。つまり、女1→女2→女3→女4に対して60通りあります。

　ここまでは、女1→女2→女3→女4のときだけなので、次は女の子4人を1列に並べることを考える必要があります。

> ある並べ方（○通り）に対してそれぞれ（△通り）あるとき
> →(○通り)×(△通り)

　そのときの「場合の数」は$_4P_4$（4×3×2×1＝24）です。

　女の子の並べ方は24通りあり、それぞれに対して男の子の並べ方は60通りあります。

　つまり、全体としては60×24＝1440で1440通りです。

答え　1440通り

ポイント
条件付きで並べるときは図を描いて状態を視覚化しましょう。

Q3 条件付きで人を並べる②

　男の子5人と女の子3人の計8人を1列に並べるとき、女の子が3人連続で並ぶ並び方は何通りあるか。

　こうした場合は、まず女の子3人をひとかたまりとして考えます。

　次の図は男1→男2→男3→男4→男5→女3人で並べたときです。

5章●場合と確率・推測の計算

男1、男2、男3、男4、男5、女3人（ひとかたまり）の並べ方は$_6P_6$（6×5×4×3×2×1＝720）で求めます。次に女の子3人を1列に並べる場合の数を$_3P_3$（3×2×1＝6）で求めます。

男5人と女3人の並べ方は720通り、それに女の子3人の並べ方が6通りあるので、全体としては4320（＝720×6）通りあります。

答え　4320通り

ポイント
3人をひとかたまりとして図を描く発想をマスターしましょう。

Q4 人を選ぶ

ある企業の人事部8人の中から新卒採用担当の面接官を3人選びたいとき、選び方は何通りあるか。

8人から3人を選ぶときは順番（並べ方）は関係ないのでCを使います。

→ $_8C_3$

計算　$\dfrac{8 \times 7 \times 6}{3 \times 2 \times 1} = 56$

答え　56通り

> **ポイント**
> 選ぶときの記号はCです。計算の仕方を覚えましょう。

Q5 人を「連続して選ぶ」とき

ある企業の人事部8人から、新卒採用を担当する面接官を6人選出したいとき、3人は一次面接、2人は二次面接、1人は最終面接を担当する。このときの選出の仕方は何通りあるか。

一次面接担当は8人から3人を選ぶ。→ $_8C_3$

残りの5人から二次面接担当を2人選ぶ。→ $_5C_2$

残りの3人から1人選ぶ。→ $_3C_1$

選ぶことを3回続けるときは、3つの場合の数どうしをかけます。

→ $_8C_3 \times _5C_2 \times _3C_1$

計算 $\dfrac{8\times7\times6}{3\times2\times1} \times \dfrac{5\times4}{2\times1} \times \dfrac{3}{1} = 56\times10\times3$

答え 1680通り

> **ポイント**
> 「連続して選ぶ」ときはそれぞれの場合の数どうしをかけると全体の場合の数になります。×ではなく＋にする間違いが多いので注意しましょう。

Q6 人を「同時に選ぶ」とき

Pグループ（6人）とQグループ（8人）があるとき、Pグループから2人、Qグループから3人選ぶとすると、選び方は何通

りあるか。

Pグループから2人選ぶとき→$_6C_2$
Qグループから3人選ぶとき→$_8C_3$
それぞれ別のグループから同時に選ぶとき、それぞれの場合の数どうしをかけます。

→$_6C_2 \times _8C_3$

計算 $\dfrac{6\times5}{2\times1} \times \dfrac{8\times7\times6}{3\times2\times1} = 15\times56$

答え　840通り

ポイント
「同時に選ぶ」ときもそれぞれの場合の数どうしをかけると全体の場合の数になります。

Q7 人を「場合分けしたうえで同時に選ぶ」とき

8人のグループから6人以上を選んで旅行をするとき、人の選び方は何通りあるか。

6人以上選ぶときは6人、7人、8人を選ぶときの場合分けが必要になります。
6人選ぶとき→$_8C_6$
7人選ぶとき→$_8C_7$
8人選ぶとき→$_8C_8$
場合分けをした後は、それぞれの数を足しあわせます。

> Cの計算を確認しましょう。
> $_nC_{n-r}=_nC_r$
> $_nC_0=1$
> よって
> $_8C_6=_8C_2$
> $_8C_7=_8C_1$
> $_8C_8=_8C_0=1$

➡ $_8C_6 + {_8C_7} + {_8C_8}$

➡ $_8C_2 + {_8C_1} + {_8C_0}$ ➡ $\dfrac{8 \times 7}{2 \times 1} + \dfrac{8}{1} + 1$

計算 $\dfrac{8 \times 7}{2 \times 1} + \dfrac{8}{1} + 1 = 37$

答え　37通り

ポイント
「○以上」のときは場合分けをし、そのあとは足しあわせて全体の場合の数を求めます。

Q8 「少なくとも○人含まれる」選び方

男子4人と女子3人の計7人のグループがある。このグループの中から2人の代表を選びたい。このとき、男子が少なくとも1人は含まれるように選ぶとすると、選び方は何通りあるか。

男子が少なくとも1人含まれる
　➡全体の場合の数 − 男子が1人も含まれないときの場合の数
　➡ $_7C_2 - {_3C_2}$　　　　　　　（2人とも女子のとき）

計算 $\dfrac{7 \times 6}{2 \times 1} - \dfrac{3 \times 2}{2 \times 1} = 18$

答え　18通り

ポイント
少なくとも1人含まれる→「(全体の場合の数)−(1人も含まれないときの場合の数)」を使います。

5章 ● 場合と確率・推測の計算

Q9 何回かコインを投げるとき「○個　表（または裏）がでるとき」の数

　コインを8回投げるとき、3回だけ表が出るような、表裏の出方は何通りあるか。

　「コインを8回投げること」を「1〜8の数字が書いてあるコインが順番に並んでいること」に置き換えて考えます。

　　8個のうち、どのコインが表（3個）になるかを選ぶ
　　➡ 8個から3個選ぶ
　　➡ $_8C_3$

　計算　$\dfrac{8\times7\times6}{3\times2\times1} = 56$

　答え　56通り

ポイント
場合の数の問題では問題文をどのように読み替えるかで考えやすさが変化します。自分にとって考えやすい方法を身につけておきましょう。

Q10 何回かコインを投げるとき「○個以上表（または裏）が出るとき」の数

　コインを8回投げるとき、表が6回以上出るような表裏の出方は何通りあるか。

前の問題と同じように「コインを8回投げること」を「1～8の数字が書いてあるコインが順番に並んでいること」に置き換えて考えます。

8個のコインのうち、表が6回以上のとき
➡ 6回出るとき、7回出るとき、8回出るときに場合分けします。
➡ 表が6回出る　$_8C_6$
　　表が7回出る　$_8C_7$
　　表が8回出る　$_8C_8$

> Cの計算を確認しましょう。
> $_8C_6 = {_8C_2}$
> $_8C_7 = {_8C_1}$
> $_8C_8 = {_8C_0} = 1$

➡ 場合分けしたので、最後は合計します。

計算　$\dfrac{8 \times 7}{2 \times 1} + \dfrac{8}{1} + 1 = 37$

答え　37通り

ポイント
「○回以上」のときは場合分けをし、それを合計します。

Q11　何回かコインを投げるとき「少なくとも○回表（または裏）が出るとき」の数

コインを8回投げるとき、少なくとも2回表が出るような表裏の出方は何通りあるか。

5章●場合と確率・推測の計算

これまでと同じように「コインを8回投げること」を「1～8の数字が書いてあるコインが順番に並んでいること」に置き換えて考えます。

少なくとも2回表が出る→Q8のように全体からそれ以外のケースを引きます。

→（全体の場合の数）−（2回表が出ない）

→（全体の場合の数）−（1回も表がでない。または1回だけ表が出る）

→$(2×2×2×2×2×2×2×2) − (_8C_0 + _8C_1)$

計算　$256 − (1 + \dfrac{8}{1}) = 247$

答え　247通り

全体の場合の数
→毎回、表裏の2通りあります
→2×2×2×2×2×2×2×2
　で求めます
1回も表が出ない
→$_8C_0$
1回だけ表が出る
→$_8C_1$

ポイント
「少なくとも○回出る」→「（全体）−（○回出ない）」と考えましょう。

Q12 同じカードを一度しか使用しないとき

1、2、3、4の数字が書かれた4枚のカードがある。このカードを使って3桁の整数を作るとき、何通りの作り方があるか。ただし、同じ数字は一度しか使用できない。

4枚のカード使って3桁の整数を作る

(同じ数字は一度しか使用しない)

　➡4枚から3枚を選んで並べる

　➡記号　$_4P_3$

計算　4×3×2

＝24

答え　　24通り

ポイント
Pが使えるのかをまず、判断しましょう。Pが使えるのは「異なる種類のものを選んで並べるとき」と「0を含まない」ときです。この問題はPを使って計算できるタイプです。

Q13 同じカードを何度も使えるとき

1、2、3、4の数字が書かれた4枚のカードがある。この4枚から3枚を並べて、3桁の整数を作るとき、何通りの作り方があるか。ただし、同じ数字を何度使用してもよい。

4枚のカードを使って、3桁の整数を作る

(同じ数字を何度も使える)

　➡百の位、十の位、一の位どれも1～4までの4通りが考えられる

　➡百の位4通り×十の位4通り×一の位4通り

計算　4×4×4

＝64

答え　64通り

ポイント
この問題は同じ数字が何度も使えるので、Pが使えないタイプです。そこで具体的に各位を考えます。それぞれの位は4通りあるので、各位の場合の数のかけ算で求まります。

Q14　0を含むカードの並べ方（同じ数字は一度しか使用できない）

0、1、2、3の数字が書かれた4枚のカードがある。この4枚から3枚を並べて、3桁の整数を作るとき、何通りの作り方があるか。ただし、同じ数字は一度しか使用できない。

同じ数字が一度しか使えない→異なる種類のものを選びますが、0が含まれるためPが使えません。そこで樹形図を描いてみます。

（例：百の位が1のとき）

Pを使わないで数え上げる場合は樹形図を使います。

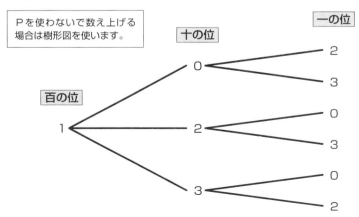

百の位を1にすると、十の位は0、2、3の3枚から選ぶことになります。十の位に0を選ぶと、一の位は2、3から選ぶので2通りになります。同じように百の位が1で十の位が2のときと3のときを考えます。それぞれ2通りあるので、合計で6通りあります。百の位が2、3のときもそれぞれ6通りあります。つまり全部で18通りあります。

樹形図を使わないで計算で求めるときは以下のようになります。

百の位は1～3の3通り、十の位は残りの3通り、一の位はさらに残りの2通り
→百の位3通り×十の位3通り×一の位2通り
計算　3×3×2＝18

答え　18通り

ポイント
0を含むときは1番大きい位に0が当てはまらないので注意が必要です。わかりにくい人は樹形図を描いてみましょう。

Q15 0を含むカードの並べ方（同じ数字は何度使用してもよい）

0、1、2、3の数字が書かれた4枚のカードがある。この4枚から3枚を並べて、3桁の整数を作るとき、何通りの作り方があるか。ただし、同じ数字を何度使用してもよい。

この問題も0が含まれるのでPが使えません。ただし、この問

題は前の問題とちがい、数字は何度でも使えるので百の位は0以外の3通りですが、十と一の位は4通りあります。

　　百の位は1〜3の3通り、十の位は4通り、一の位は4通り
　　　→百の位3通り×十の位4通り×一の位4通り
　　計算　3×4×4＝48
　　答え　48通り

Q16　道順

右の図のような道路がある。
(1) 遠回りせずにAからBに行くのは何通りあるか。
(2) 遠回りせずにCを必ず通ってBに行くのは何通りあるか。
(3) 遠回りせずにCを通らないでBに行くのは何通りあるか。

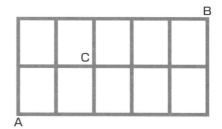

(1) 道順の問題は交差点を通るときの場合の数を1つずつ求めていきます。具体的に見ていきましょう。

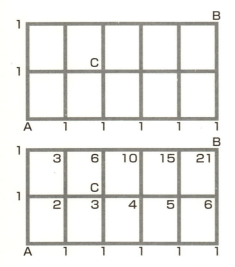

対角線に足した結果の最後の21がA→Bに行く道順の場合の数です。

答え　21通り

(2) Cを通ってBに行くときも同じように求めます。

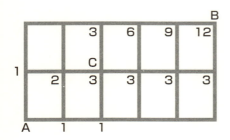

答え　12通り

（3）CﾆﾄﾞﾗﾅﾆﾉでBに行くのは途中のDとEを通るとき。
（D、Eは図にある点）

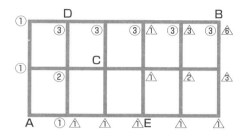

Dを通ってA→Bに行く場合の数は○数字で書いたように求めて行きます。手順は今までと同じです。

同じように、Eを通ってA→Bに行く場合の数は△数字で書いたように求めて行きます。手順は今までと同じです。

Dを通る3通りとEを通る6通りの合計が求める場合の数です。

答え　9通り

> **ポイント**
> 道順の問題は交差点までの場合の数を手順通りに書き入れていきます。条件があるときも考え方は同じです。条件のパターンごとに手順を覚えてしまいましょう。

(参考) 重複組み合わせ

高校数学では道順の問題を重複組み合わせという考え方で解きます。

（1）の問題を重複組合せで解いてみましょう。この問題では右に5回、上に2回進みます。

これを「右右右右右上上」と表します。「右右右右右上上」の組み合わせを考えます。

同じ物を含んで並び替えたときの場合の数は以下の式で求めます。

$$\frac{7!}{5! \times 2!}$$

> 進む回数は全体で7回なので分子は7！になります。
> 分子：7！＝7×6×5×4×3×2×1 を計算します。
> 右に5回、上に2回なので分母は5！×2！になります。
> 分母：5！×2！＝5×4×3×2×1×2×1 を計算します。

重複組合せの考え方を使うと計算だけで道順を求められるようになります。

重複組合せについて詳しく知りたい方は高校数学を復習しましょう。例を覚えて当てはめるだけでも効果があります。数学が苦手な人は、パターン化して覚えてもよいでしょう。

まとめ

基本的には並べるときはPを使い、選ぶときはCを使います。実際の問題では条件に合わせて使い方を考えましょう。パターン化されている部分は覚えてしまいましょう。

◆よく使う考え方

ある並べ方（○通り）に対して
それぞれ（△通り）あるとき
→○通り×△通り

連続して選ぶときや同時に選ぶとき
→○通り×△通り

○以上
→場合分けして場合の数を求める
→それぞれの場合の数を足す

少なくとも1人含む
→全体－1人も含まない

確率の求め方

　確率は場合の数の応用です。場合の数を求めることができれば、確率も求めることができます。あとは、確率をどのように扱うかだけです。連続して起こるときの処理は試験問題にもよく出されます。

確率とは

　確率とは

$$\frac{\text{あることが起きるときの場合の数}}{\text{全体の場合の数}}$$

のことです。

　つまり、「あることが起きるときの場合の数」と「全体の場合の数」を求めれば、確率を求めることができます。

```
なお、以下では
「あることが起きるときの場合の数」＝「あるとき」
「全体の場合の数」＝「全体」　　と略して表記します。
```

Q1 2本くじを引いた「結果が同じ」確率

　7本のくじの中に当たりが3本入っている。2本同時にくじを引くとき、2本ともはずれくじを引く確率を求めよ。

　　あるとき ➡ 2本ともはずれのとき

5章 ●場合と確率・推測の計算

→はずれ4本から2本引くとき

→$_4C_2 = \dfrac{4 \times 3}{2 \times 1}$

→6通り

全体→7本から2本引くとき

→$_7C_2 = \dfrac{7 \times 6}{2 \times 1}$

→21通り

求める確率は $\dfrac{あるとき}{全体} = \dfrac{6}{21} = \dfrac{2}{7}$

答え $\dfrac{2}{7}$

ポイント
確率を求めるときは「あるとき」と「全体」の場合の数を求めます。

Q2 2本くじを引いた「結果が異なる」確率

7本のくじの中に当たりが3本入っている。2本同時にくじを引くとき、当たりくじとはずれくじを1本ずつ引く確率を求めよ。

あるとき→当たりくじとはずれくじを1つずつ引く場合の数
→当たりくじ1本を引く場合の数×はずれ1本を引く場合の数
→$_3C_1 \times _4C_1 = 3 \times 4 = 12$

全体 ➡ 7本から2本を引く場合の数
　　➡ $_7C_2 = 21$

求める確率は　$\dfrac{あるとき}{全体} = \dfrac{12}{21} = \dfrac{4}{7}$

ポイント
異なるものを同時に取り出すときの場合の数は、それぞれの場合の数どうしをかけます。

Q3　2本くじを引いた結果、「○本以上が出る」確率

7本のくじの中に当たりが3本入っている。2本同時にくじを引くとき、当たりくじを1本以上引く確率を求めよ。

あるとき ➡ 当たりくじ1本以上を引く場合の数
　　　　➡ 当たりくじ1本とはずれくじ1本を引く場合の数
　　　　と当たりくじを2本引く場合の数
　　　　➡ $_3C_1 \times _4C_1 + _3C_2 = 12 + 3 = 15$

全体 ➡ 7本から2本を引く場合の数
　　➡ $_7C_2 = 21$

求める確率は　$\dfrac{あるとき}{全体} = \dfrac{15}{21} = \dfrac{5}{7}$

答え $\dfrac{5}{7}$

ポイント
○以上のときは場合分けをして、それぞれの場合の数を合計します。

5章 ● 場合と確率・推測の計算

Q4 2本くじを引いた結果、「少なくとも○が出る」確率

7本のくじの中に当たりくじが3本入っている。2本同時にくじを引くとき、少なくとも1本はずれくじを引く確率を求めよ。

あるとき ➡ 少なくとも1本はずれくじを引く場合の数
　　　　➡ 全体 －（1本もはずれくじを引かない場合の数）
　　　　➡ 全体 －（2本とも当たりくじを引く場合の数）
　　　　➡ $_7C_2 - {}_3C_2 = 21 - 3 = 18$

全体 ➡ 7本から2本を引く場合の数
　　　➡ $_7C_2 = 21$

求める確率は　$\dfrac{あるとき}{全体} = \dfrac{18}{21} = \dfrac{6}{7}$

答え $\dfrac{6}{7}$

ポイント
少なくとも1つ → (全体 －〔1つもないとき〕)

Q5 2回続けてくじを引くときの確率（くじは元に戻す）

7本のくじの中に当たりくじが3本入っている。1本くじを引くことを、2回繰り返すとき、2回とも当たりくじを引く確率を求めよ（くじは1回ごと元に戻す）。

続けてくじを引くときはそれぞれの回の確率を求めて、それらをかけた結果が全体の確率になることを利用しましょう。

1回目の確率

➡ 7本のくじから当たりくじを1本引く

➡ $\dfrac{3}{7}$

> あるとき→当たりくじ1本を引く場合の数
> 　　　　→ $_3C_1 = 3$
> 全体→7本のくじから1本のくじを引く場合の数
> 　　→ $_7C_1 = 7$
> 確率 $= \dfrac{あるとき}{全体}$　で求めましょう。

2回目の確率

➡ 1回目の確率と同じ

➡ $\dfrac{3}{7}$

2回続けて当たりくじを引くときの確率

➡ 1回目の確率×2回目の確率

➡ $\dfrac{3}{7} \times \dfrac{3}{7} = \dfrac{9}{49}$

答え $\dfrac{9}{49}$

ポイント
連続してくじを引くときの確率は各回の確率をかけて求めます。

Q6 2回続けてくじを引くときの確率(くじは元に戻さない)

7本のくじの中に当たりくじが3本入っている。1本くじを引くことを、2回繰り返すとき、2回とも当たりを引く確率を求めよ(くじは1回ごと元に戻さない)。

この問題はくじを元に戻さないので、各回の確率の求め方に注意します。

1回目の確率

5章 ●場合と確率・推測の計算

➡ 7本のくじから当たりくじを1本引く

| あるとき→あたりくじ1本を引く場合の数 |
| → $_3C_1 = 3$ |
| 全体→7本のくじから1本のくじを引く場合の数 |
| → $_7C_7 = 7$ |
| 確率 = $\dfrac{あるとき}{全体}$ で求めましょう。 |

➡ $\dfrac{3}{7}$

2回目の確率
➡ 6本のくじから当たりくじを1本引く確率

| 1回目が終わった残りくじは当たり2本、はずれ4本です。 |
| あるとき→当たりくじ1本を引く場合の数 |
| → $_2C_1 = 2$ |
| 全体→6本のくじから1本引く場合の数 |
| → $_6C_1 = 6$ |
| 確率 = $\dfrac{あるとき}{全体}$ で求めましょう。 |

➡ $\dfrac{2}{6} = \dfrac{1}{3}$

2回続けてくじを引くときの確率
➡ 1回目の確率 × 2回目の確率

➡ $\dfrac{3}{7} \times \dfrac{1}{3} = \dfrac{1}{7}$

答え $\dfrac{1}{7}$

ポイント
くじを元に戻さないときは各回の確率が変わるので注意します。

Q7 サイコロの目の和が○になるときの確率

大小2つのサイコロを同時に投げるとき、2つのサイコロの目の和が11になる確率を求めよ。

サイコロの問題は具体的に数え上げることが大切です。

　　あるとき➡目の和が11になるとき

　　　　　➡大5小6、大6小5

　　　　　➡2通り

全体➡6×6＝36

　➡36通り

求める確率は $\dfrac{あるとき}{全体} = \dfrac{2}{36} = \dfrac{1}{18}$

答え　$\dfrac{1}{18}$

ポイント
全体の場合の数は大6通りに対して小6通りあるので、それぞれの場合の数どうしをかけると全体の場合の数が求まります。

Q8 サイコロの目の和が○以上になるときの確率

大小2つのサイコロを同時に投げるとき、2つのサイコロの目の和が11以上になる確率を求めよ。

　　あるとき➡目の和が11以上になるとき

　　　　　➡目の和が11のときと目の和が12のとき

　　　　　➡大5小6、大6小5、大6と小6

　　　　　➡3通り

全体➡6×6＝36

　➡36通り

5章 ● 場合と確率・推測の計算

求める確率は　$\dfrac{あるとき}{全体} = \dfrac{3}{36} = \dfrac{1}{12}$

答え　$\dfrac{1}{12}$

ポイント
2個のサイコロを同時に振るときは全体の場合の数は36通りだと覚えましょう。

Q9 サイコロを投げたとき少なくとも1つ○が出る確率

大小2つのサイコロを同時に投げるとき、少なくとも1つは6である確率を求めよ。

あるとき　➡　少なくとも1つが6になるとき
　　　　　➡　全体－（1つも6が出ない場合の数）
　　　　　➡　全体－（1〜5だけが出る場合の数）
　　　　　➡　36－25＝11

全体　➡　6×6＝36
　　　➡　36通り

> 1〜5だけが出る場合の数
> →大5通りに対して小5通りある
> →5×5　で場合の数が求まる

求める確率は　$\dfrac{あるとき}{全体} = \dfrac{11}{36}$

答え　$\dfrac{11}{36}$

ポイント
少なくとも→（全体－〔1つもないとき〕）です。

Q10 2回続けてサイコロを投げるときの確率

大小2つのサイコロを同時に、2回続けて投げたとき、大小の和が2回とも10になる確率を求めよ。

続けてサイコロを投げるときはそれぞれの回の確率を求めて、それらをかけた結果が全体の確率になることを利用します。

1回目の確率
→ 大小の和が10になる確率

→ $\dfrac{3}{36} = \dfrac{1}{12}$

> あるとき→大4小6、大5小5、大6小4
> →3通り
> 全体→2個のサイコロを同時に振るときの場合の数
> →36通り
> 確率 = $\dfrac{あるとき}{全体}$ で求めましょう。

2回目の確率
→ 1回目と同じです

→ $\dfrac{3}{36} = \dfrac{1}{12}$

2回続けて投げて、2回とも10になる確率
$\dfrac{1}{12} \times \dfrac{1}{12} = \dfrac{1}{144}$

答え $\dfrac{1}{144}$

> **ポイント**
> 連続して投げたので、それぞれの回の確率をかけ合わせます。

5章●場合と確率・推測の計算

Q11 箱から同時に２個取り出したとき、同じ色の玉を取り出す確率

箱の中に２個の赤玉と６個の白玉が入っている。この中から同時に２つの玉を取り出すとき、白玉を２つ取り出す確率を求めよ。

あるとき→白玉２個を取り出す場合の数
　　　　→$_6C_2 = 15$

全体→８個から２個を取り出す場合の数
　　→$_8C_2 = 28$

求める確率は $\dfrac{あるとき}{全体} = \dfrac{15}{28}$

> 箱から玉を選ぶときは人を選ぶときと同じように、選ぶものを区別して考えます。この場合だと、赤玉を女性、白玉を男性と置き換えるとすっきり考えられるでしょう。

答え $\dfrac{15}{28}$

ポイント
「あるとき」と「全体」の場合の数を求めて計算します。

Q12 箱から２個同時に玉を取り出すとき、異なる色の玉を取り出す確率

箱の中に２個の赤玉と６個の白玉が入っている。この中から同時に２つの玉を取り出すとき、赤玉と白玉を１つずつ取り出す確率を求めよ。

あるとき→赤玉と白玉を１つずつ取り出す場合の数
　　　　→赤玉１個を取り出す場合の数×白玉１個を取り出す場合の数

187

$$\rightarrow {}_2C_1 \times {}_6C_1 = 2 \times 6 = 12$$

全体→8個から2個を取り出す場合の数

$$\rightarrow {}_8C_2 = 28$$

求める確率は $\dfrac{あるとき}{全体} = \dfrac{12}{28} = \dfrac{3}{7}$

答え $\dfrac{3}{7}$

ポイント
異なるものを同時に取り出すときの場合の数は、それぞれの場合の数どうしをかけます。

Q13 箱から2個の玉を取り出すとき、○個以上△色の玉を取り出す確率

箱の中に2個の赤玉と6個の白玉が入っている。この中から同時に2つの玉を取り出すとき、赤玉を1個以上取り出す確率を求めよ。

あるとき→赤玉を1個以上取り出す場合の数
　　　　→赤玉1個と白玉を1個ずつ取り出す場合の数と
　　　　　赤玉2個を取り出す場合の数
　　　　$\rightarrow {}_2C_1 \times {}_6C_1 + {}_2C_2 = 12 + 1 = 13$

全体→8個から2個を取り出す場合の数
　　　$\rightarrow {}_8C_2 = 28$

求める確率は $\dfrac{あるとき}{全体} = \dfrac{13}{28}$

答え　$\dfrac{13}{28}$

ポイント
「○以上」のときは場合分けをしてそれぞれの場合の数を合計します。

Q14 箱から2個の玉を取り出すとき、少なくとも○個△色の玉を取り出す確率

箱の中に2個の赤玉と6個の白玉が入っている。この中から同時に2つの玉を取り出すとき、少なくとも赤玉を1つ取り出す確率を求めよ。

あるとき→少なくとも1つ赤玉を取り出す場合の数
　　　　→（全体－1つも赤玉を取り出さない場合の数）
　　　　→（全体－白を2つ取り出す場合の数）
　　　　→ $_8C_2 - {}_6C_2 = 28 - 15 = 13$

全体→8個から2個を取り出す場合の数
　　→ $_8C_2 = 28$

求める確率は $\dfrac{あるとき}{全体} = \dfrac{13}{28}$

答え　$\dfrac{13}{28}$

ポイント
少なくとも1つ→（全体－〔1つもないとき〕）

Q15 箱から連続して玉を取り出すきの確率（箱の中に玉を戻すとき）

箱の中に、4個の赤玉と3個の青玉と2個の白玉が入っている。次の問いに答えよ。

玉を1個取り出し、色を確認した後、箱の中に戻す。この行動を3回連続で行ったとき、赤→青→白の順番に玉を引く確率を求めよ。

続けて取り出すときはそれぞれの回の確率を求めて、それらをかけた結果が全体の確率になることを利用します。

1回目の確率
→箱の中から赤玉を取り出す確率
→$\frac{4}{9}$

あるとき→赤玉4個から1個を取り出す場合の数
→$_4C_1=4$
全体→9個の玉から1個を取り出す場合の数
→$_9C_1=9$
確率＝$\frac{あるとき}{全体}$ で求めましょう。

2回目の確率
→箱の中から青玉を取り出す確率
→$\frac{3}{9}=\frac{1}{3}$

あるとき→青玉3個から1個を取り出す場合の数
→$_3C_1=3$
全体→9個の玉から1個を取り出す場合の数
→$_9C_1=9$
確率＝$\frac{あるとき}{全体}$ で求めましょう。

3回目の確率
→箱の中から白玉を取り出す確率
→$\frac{2}{9}$

あるとき→白玉2個から1個を取り出す場合の数
→$_2C_1=2$
全体→9個の玉から1個を取り出す場合の数
→$_9C_1=9$
確率＝$\frac{あるとき}{全体}$ で求めましょう。

5章 ● 場合と確率・推測の計算

3回続けて箱から取り出すときの確率

→ 1回目の確率×2回目の確率×3回目の確率

$$\rightarrow \frac{4}{9} \times \frac{1}{3} \times \frac{2}{9} = \frac{8}{243}$$

答え $\dfrac{8}{243}$

ポイント
各回の確率を求めて、それぞれをかけ算します。

Q16 箱から連続して玉を取り出すきの確率（箱の中に玉を戻さないとき）

箱の中に、4個の赤玉と3個の青玉と2個の白玉が入っている。次の問いに答えよ。

玉を1個取り出し、色を確認した後、取り出したままにしておく。この行動を3回連続で行ったとき、赤→青→白の順番に玉を引く確率を求めよ。

この問題は取り出した玉を箱に戻さないので、各回の全体の数が異なることに注意します。

1回目の確率
→ 箱の中から赤玉を取り出す確率
→ $\dfrac{4}{9}$

あるとき→赤玉4個から1個を取り出す場合の数
→ $_4C_1 = 4$
全体→9個の玉から1個を取り出す場合の数
→ $_9C_1 = 9$
確率 = $\dfrac{あるとき}{全体}$ で求めましょう。

2回目の確率

→箱の中から青玉を取り出す確率

→ $\frac{3}{8}$

> 1回目が終わった後の箱の中の状態は
> 赤3個、青3個、白2個です。
> あるとき→青玉3個から1個を取り出す場合の数
> →$_3C_1=3$
> 全体→8個の玉から1個を取り出す場合の数
> →$_8C_1=8$
> 確率=$\frac{あるとき}{全体}$ で求めましょう。

3回目の確率

→箱の中から白玉を取り出す確率

→ $\frac{2}{7}$

> 2回目が終わった後の箱の中の状態は
> 赤3個、青2個、白2個です。
> あるとき→白玉2個から1個を取り出す場合の数
> →$_2C_1=2$
> 全体→7個の玉から1個を取り出す場合の数
> →$_7C_1=7$
> 確率=$\frac{あるとき}{全体}$ で求めましょう。

3回続けて箱から取り出すときの確率

→1回目の確率×2回目の確率×3回目の確率

→ $\frac{4}{9} \times \frac{3}{8} \times \frac{2}{7} = \frac{1}{21}$

答え $\frac{1}{21}$

ポイント
箱に玉を戻さないので、場合の数の求め方に注意します。

Q17 確率が与えられているときの確率

ある人が、玉入れの玉を2回続けて投げ入れた。このとき玉が入る確率は、1回目の確率が0.7、2回目の確率が0.8とする。

（1）玉を2回続けて投げたとき、2回とも外す確率はいくらか。
（2）玉を2回続けて投げたとき、1回だけ入る確率はいくらか。

　確率が与えられているときは自分で確率を求める必要はありません。

　2回続けて玉を投げているので与えられた各回の確率をかければ全体の確率が求まります。

（1）「外すとき」は「入るとき」の逆です。

　　　1回目に外す確率→1－0.7＝0.3

　　　2回目に外す確率→1－0.8＝0.2

　　　2回とも外す確率→1回目に外す確率×2回目に外す確率

　　　　　　　　　　→0.3×0.2＝0.06

　答え　0.06

（2）1回だけ入るときは

　　「1回目が入り、2回目が外れる」または「1回目が外れ、2回目が入る」ときです。

　　これらも2通りに場合分けができます。

　　1回目が入り、2回目が外れる→0.7×0.2＝0.14

　　1回目が外れ、2回目が入る→0.3×0.8＝0.24

　　場合分けをしているので全体の確率は各回の合計で求めます。

　　計算　0.14＋0.24＝0.38

答え　0.38

ポイント
確率が小数で表されているときも、分数のときと同じように考えましょう。
「はずれの確率＝1－あたり確率」で計算します。

まとめ
確率は場合の数の応用です。「あるとき」と「全体」の場合の数を考えれば確率を求めることができます。

◆よく使う考え方

くじを引くとき
→くじを人と同じように1本ずつ区別して考えましょう

連続して起こる確率
→各回の確率をかけます

サイコロを振るとき
→もれなく書きだすようにしましょう

箱から玉を取り出すとき
→玉を人と同じように区別して考えます

5章 ●場合と確率・推測の計算

損得の予想に役立つ期待値

期待値とはどれくらいの確率で、どれくらい何かを得ることができるかを予想した値です。投資をしたり、損得を予想するときに役立ちます。たとえば、賞金のもらえるくじを買うとします。このとき、もらえる賞金の平均値が期待値です。平均値は分子に全体の合計、分母に全体の人数（個数）で求めることができます。期待値も考え方は同じです。期待値は分子に（賞金×各等の本数）の合計、分母にくじの本数です。見方を変えると、（各等の賞金×各等の本数）の合計になります。この変形は数学的になるので求め方を覚えておきましょう。

 くじびきの期待値

1等〜5等まである、くじびきがある。各等の賞金と本数は下表のとおり。

	賞金	本数
1等	5000円	3本
2等	3000円	5本
3等	1000円	32本
4等	500円	60本
5等	0円	100本

このとき、期待値は何円になるか。

くじの本数は全体で200本あります。
1等〜5等までのそれぞれの確率は次のとおりです。

1等	2等	3等	4等	5等
3/200	5/200	32/200	60/200	100/200

期待値は

$5000 \times 3/200 + 3000 \times 5/200 + 1000 \times 32/200 + 500 \times 60/200 + 0 \times 100/200$

$= 75 + 75 + 160 + 150$

$= 460$

答え　460円

ポイント
期待値の求め方は覚えてしまいましょう。この問題では期待値が460円なので、くじの価格を460円以上にすれば、くじの販売者側が損をしません。

Q2 成功するときと失敗するときの期待値

2つのプロジェクトを企画した。それぞれ成功する確率、成功したときに得る利益、失敗のときに負う損失が異なる。プロジェクトA、Bのどちらに投資したほうが得になると考えられるか。

	成功する確率	成功時の利益	失敗時の損失
プロジェクトA	80%	300万円	100万円
プロジェクトB	60%	500万円	50万円

まず、プロジェクトA、Bの失敗する確率を求めます。成功する確率は、それぞれ80％と60％とわかっています。失敗したときは全体の"1"から成功する確率を引いた結果です。

失敗する確率：1－成功する確率

プロジェクトAの失敗する確率：1－0.8＝0.2

プロジェクトBの失敗する確率：1－0.6＝0.4

プロジェクトAに投資したときに予想される利益は期待値を求めるのと同じように計算できます。つまり、

成功時の利益×成功する確率－失敗時の損失×失敗する確率

プロジェクトAの予想される利益：300×0.8－100×0.2
＝240－20＝220

同じように、プロジェクトBも計算しましょう。

プロジェクトBの予想される利益：500×0.6－50×0.4＝
300－20＝280

よって、プロジェクトBの方が予想される利益が多い。

答え　プロジェクトB

ポイント
成功と失敗があるときの期待値は、失敗するときは期待値がマイナスになるので注意します。

まとめ

期待値が意味していることを理解し、自分にとってメリットのある判断をできるようになりましょう。

◆予想される利益を求める

失敗するときの確率＝1－成功するときの確率

予想される利益
＝成功時の期待値－失敗時の期待値
＝成功時の利益×成功する確率－失敗時の損失×失敗する確率

4 2種類のモノの関係を図示する

2種類のもの（人、動物、物など）の間に数量や大きさなど何らかの関係があるとき、どのように捉えますか。数学では方程式や不等式を使って関係を表しますが、算数では文字を使うことができません。そこで、図を使うことによって関係を捉えます。

Q1 2種類のものと合計の情報が2つある

鶴と亀が合わせて7匹いる。足の本数の合計は20本。亀は何匹いるか。

合わせて7匹
足の本数の合計は20本

解き方は3通りあります。

　①方程式　　1）1次方程式　　2）連立方程式
　②面積図
　③仮定法　　1）式で解く　　2）図で解く

算数の範囲では面積図と仮定法が使えます。
まず、面積図による解き方を見ていきましょう。

5章●場合と確率・推測の計算

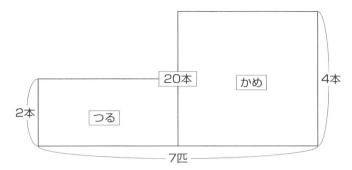

　左側の長方形の縦に鶴の足の本数、右側の長方形の縦に亀の足の本数を描きます。2つの長方形の横の長さの合計は7（匹）です。合計の足の本数を真中に書きます。

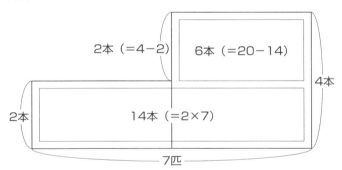

　最初の面積図を上下に分けて考えます。まず、下の図の長方形の面積を計算します。下の長方形の面積は2（縦の長さ）×7（横の長さ）＝14で求まります。よって、上の長方形の面積は全体の面積から下の面積を引いて6と求まります。上の長方形の縦の長さは図から2とわかります。上の横の長さは（上の面積÷上の長方形の縦の長さ）で求まります。よって亀は3匹だとわかります。

　（計算）2×7＝14　20－14＝6　6÷2＝3

答え　3匹

　次に、仮定法による解き方です。
　7匹とも亀だとすると、足の本数は全部で28本になります。ところが実際は足の本数の合計は20本なので、8本多いことになります。
　亀が鶴に1匹、変わったとすると足の本数は2本減ります。足の本数が8本減るには亀が4匹鶴に変われば足の本数の合計が20本になり、条件と合うことになります。これから鶴は4匹だとわかります。よって、亀は3匹です。

（計算）
　　7匹×4本＝28本
　　28本－20本＝8本
　　4本－2本＝2本
　　8本÷2本＝4匹
　　7匹－4匹＝3匹

　仮定法の考え方はわかりにくい部分もあります。そこで、仮定法の考え方を表にして機械的に使えるようにしましょう。

	匹数	足の本数
亀		4
合計	20	7
鶴	14	× 　2
	6	÷ 2 ＝ 3

5章 ● 場合と確率・推測の計算

仮定法の考え方を前ページ下のような図で表します。

まず、横線を3本描きます。

1行目3列目に亀の足数を、3行目3列目に鶴の足数を書きます。計算しやすいように足数の多い亀の匹数を1行目に書きます。

足の本数の合計を2行目1列目に、合計の匹数を2行目2列目に書きます。

この問題では亀の匹数を求めたいので1行目2列目に□を書きます。鶴の足の本数（2本）と合計の匹数（7匹）をかけた結果を3行目1列目に書きます。

4行目1列目に数の差を、3列目に足数の差を書きます。

最後に1列目、4列目の計算をします。

ポイント
合計が2つあるときを鶴亀算といいます。図や表を使って関係を捉えられるようにしましょう。

Q2 2種類のものと、合計の情報○以下（以上）の情報が与えられている

80円のえんぴつと50円のえんぴつを合わせて15本買い、代金が1000円以下になるようにするとき、50円のえんぴつを何本以上買えばよいか。

解き方は数学では１次方程式、算数は仮定法の応用です。仮定法の考え方を以下に述べます。

　「○以下のとき」の解き方は、お金だったら代金の高い方が全部だったらと考えて、○円以下に収めるには、代金が低い方を何本入れ替えるかと考える。「○以上のとき」の解き方は、安いほうが全部だったらと考えて、高い方を何本入れ替えるかを考える。

　上記に記した「○以下」「○以上」の仮定法の応用による解き方で考えます。

　「○以下」ですから、高い方の金額で考えます。80円のえんぴつを15本買うとすると1200円の代金になります。1000円以内にするには200円出費を抑える必要があります。80円のえんぴつを50円のえんぴつに替えると30円価格を抑えられます。つまり、7本以上50円のえんぴつを買えば、代金が1000円以内になります。

　　答え　7本以上

Q3 ２種類の人と、合計の情報、和と差の情報が与えられている

　35人いるプロジェクトチームで、男性より女性の方が5人多いとき、男性の人数は何人か。

　解き方は数学では１次方程式、算数は和差算です。和差算では、まず線分図を描きます。

線分図から全体の人数から差の5人を引いて、2で割れば男性の人数がわかります。

計算
35−5＝30
30÷2＝15

答え　15人

ポイント
和と差の情報を線分図にまとめ、求めたいものは何を計算すればよいかを考えます。

Q4 2種類のものと、○ずつ分けると△不足する（余る）の情報が与えられている

アメを子供たちに分けるのに、1人に4個ずつ分けると5個余り、1人に5個ずつ分けるには15個足りない。子供の人数は何人か。

Q3と同じ線分図で解きます。
線分図から子供の人数は20人とわかります。

答え　20人

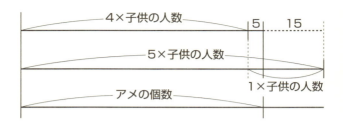

ポイント
線分図に余るときと足りないときを描き表すことによって、線分図に視覚化される差から子供の人数を求めます。

Q5 2種類のものと、合計の情報、そして2種類のものの比が与えられている

体育館には2人がけと3人がけのいすがあります。2人がけのいすは3人がけのいすの2倍あります。56人がちょうど座れるとき、2人がけのいすは何脚ありますか。

比を図にまとめてみましょう。

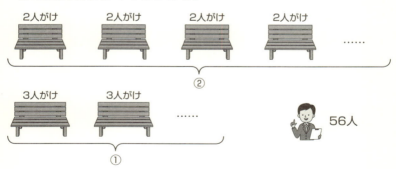

2人がけのいす2つと4人がけのいす1つに座ることができる人数は同じなので置き換えることができます。

そうすると下のようになります。

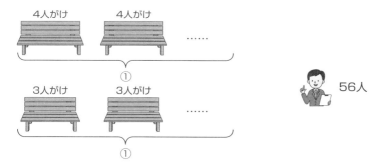

また、4人がけのいすと3人がけのいすの脚数は同じになるので置き換えることができます。

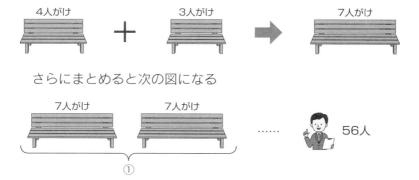

56人が座れるので、7人がけのいすは8脚あることがわかります。

4人がけのいすは7人がけのいすと同数なので、4人がけのいすも8脚あることになります。2人がけのいすは4人がけのいす

の2倍あるので、2人がけのいすは16脚です。

答え16脚

> **ポイント**
> 比の関係を利用して、2種類のものをひとつにまとめましょう。

Q6 2人の年齢がわかるとき

今年、お父さんは38歳、息子は8歳です。何年後にお父さんの年齢は息子の年齢の2倍になるか。

まず、今年の線分図を描きましょう。

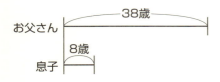

次に、何年後かを描きましょう。

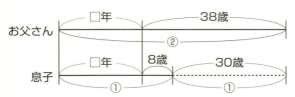

線分図の左側に□年を描くと差が見えてきます。線分図から①が30だとわかります。よって、□は22だとわかります（30−8＝22）。

答え 22年後

5章 ●場合と確率・推測の計算

> **ポイント**
> 今の線分図と数年前や数年後の線分図を描きましょう。2人の年齢差は何年たっても変わらないことに注目します。

作業スピードがちがう2人で仕事をする

運動場のそうじをするのに太郎くんは20分、花子さんは30分かかる。2人でいっしょにそうじをすると何分かかるか。

解き方1:全体の仕事量を1とする
①全体の仕事量を1とする
②それぞれの単位時間あたりの仕事量を求める
　太郎くんの1分あたりの仕事量:1/20
　花子さんの1分あたりの仕事量:1/30
③2人での単位時間あたりの仕事量を求める
　1/20+1/30=1/12
④合計の仕事量÷(単位時間あたりの仕事量)
　1÷1/12=12

答え　12分

解き方2:全体の仕事量を最小公倍数とする
①最小公倍数を全体の仕事量とする
　20と30の最小公倍数⇒60
②それぞれの単位時間あたりの仕事量を求める
　太郎くんの1分あたりの仕事量:3(=60÷20)
　花子さんの1分あたりの仕事量:2(=60÷30)

③2人での単位時間あたりの仕事量を求める

　3+2=5

④合計の仕事量÷(単位時間あたりの仕事量)

　60÷5=12

答え　12分

> **ポイント**
> いわゆる仕事算では、全体の仕事量を設定する必要があります。何を設定してもよいのですが、"1"とすることが一般的です。次に、個別の単位時間あたりの仕事量を求めます。

> **まとめ**
> 算数の範囲では文字式が使えません。しかし、図や表を使うことで2種類のモノの間の関係を視覚化すれば、算数の範囲でも十分に対応できます。

◆2種類のモノの間の関係

> 合計の情報が2つある
> →鶴亀算
> 合計の情報と和と差の情報がある
> →和差算
> 過不足の情報が2つある
> →過不足算
> 合計の情報1つと比の情報がある
> →比をまとめる

5 等しい間隔で起きる場面での計算

5章●場合と確率・推測の計算

距離とか時間などで、決まった等しい間隔でモノごとが起きることがよくあります。しかし、意外と混乱するケースが多いようです。等しい間隔で起こる具体的な場面を通して、どのように考えるのかを学びましょう。

Q1 等しい間隔に木を植える（両端に植える）

100mの道路に端から端まで街路樹を5m間隔で植える。何本の木が必要か。

まず、間が何ヶ所あるかを求めます。

　　100÷5＝20

よって、20ヶ所の間があります。

両端に植える場合、間の数に1を加えた数が、植えた木の本数になります。

　　なので、20＋1＝21

　　答え　21本

ポイント
両端に植えるときは"間の数＋1"を公式として覚えてもいいですが、間違えやすいので少ない数の場合で、確かめることをおすすめします。例えば、3mの道路に1mおきに木を植えるときを考えます。これなら図を描くのも簡単です。無理に公式を覚えるより具体的に考えましょう。

Q2 等しい間隔に木を植える（両端に植えない）

100mの道路に両端に木を植えないで、街路樹を5m間隔で植える。何本の木が必要か。

まず、両端に植える場合と同じように間が何ヶ所あるかを求めます。

　　100÷5＝20

よって、20ヶ所の間があります。

両端に植えない場合、間の数から1を引いた数が、植えた木の本数になります。

　　なので、20－1＝19

答え　19本

ポイント
考え方は両端に植えるときと同じです。両端に植えないときは"間の数－1"ですが、こちらも少ない数の場合で、確かめることをおすすめします。

Q3 等しい間隔に木を植える(周上に植える)

1周100mの池の周りに、5mおきに木を植える。木は何本必要か。

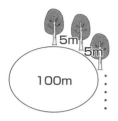

まず、今までと同じように間が何ヶ所あるかを求めます。

100÷5=20

よって、20ヶ所の間があります。

周上に植える場合、最後の間の後には最初に植えた木がすでにあるので、間の数は植えた木の本数となります。

答え　20本

Q4 等しい間隔で数が並んでいる

次の数の列で、隣どうしの数の差はすべて等しい。このとき、数は何個あるか。

4、8、12、・・・・・、56、60

4ずつ増えて数が並んでいます。間はいくつかを考えます。

木を植えるときのように話を置き換えて考えます。

道路の長さは56mです。(60-4=56)

つまり、56mの道路に4mおきに両端に木を植えるときと同じです。

間は14です。(56÷4＝14)

両端に木を植えるときは間の数に1を足すと木の本数だったので、15本の木が必要だとわかります。これから15個の数があることになります。

答え　15個

> **ポイント**
> 話を置き換えることで、頭の中を整理することができます。公式に頼らず、発想の転換を試してみましょう。

Q5 最小公倍数ごとに一致する

A君とB君は同じコンビニでアルバイトをしている。

A君は3日おきに勤務し、B君は4日おきに勤務する。

A君は6月1日に勤務し、B君は6月2日に勤務した。

(1) 1回目にA君とB君が一緒に勤務するのは何月何日か。

(2) 2回目に一緒に勤務するのは何月何日か。

(1) 勤務を始めた日が違うので、勤務日を初めから書き出して同じ勤務日になる日を見つけましょう。

A君：1　4　7　10

B君：2　6　10

なので、1回目に一緒に勤務する日は6月10日です。

答え　6月10日

(2) 2回目に一緒に勤務する日を見つけるのは1回目に勤務した日に最小公倍数を足せば求まります。最小公倍数は12な

ので、2回目に勤務する日は6月22日です。

答え　6月22日

ポイント
最小公倍数の求め方を確認しましょう。最小公倍数を求めるのが苦手なら、描き出しても大丈夫です。描き出すことを面倒がらずに行うことは、算数では大切です。

まとめ

等しい間隔で起こる事柄を扱うとき、具体的に描き出すことが大切です。実際のときより、少ない場合でいいので具体的に捉えるようにしましょう。

6 数量を推測する

　数量を視覚化するために図を描きましょう。ただし、どんな図に表すかは、そのときによって異なります。どんなときにどんな図を使うと数量を比較しやすいのかを考えて図を描きましょう。

Q1 タイム差がわかっているときの順位

　V、W、X、Y、Zの5人で1500m走を行った。順位とタイム差について以下のことがわかっている。

　Xとyは4秒差、XとZは4秒差、WとYは6秒差、VとWは12秒差、Vは1位でVと最下位の差が18秒だった。

　ただし、同着の人はいない。3位の人は誰か。

わかっていることを図にまとめましょう。

XとYは4秒差

①　X　Y
　　└4┘　　または　　② Y　X
　　　　　　　　　　　　└4┘

XとZは4秒差

③　X　Z
　　└4┘　　または　　④ Z　X
　　　　　　　　　　　　└4┘

WとYは6秒差

⑤　Y　W
　　└6┘　　または　　⑥ W　Y
　　　　　　　　　　　　└6┘

VとWは12秒差

Vは1位でVと最下位の差が18秒

全体を眺めて組み合わさりそうなところはないか、探してみましょう。

①、④、⑥、⑦、⑨を組み合わせることができます。

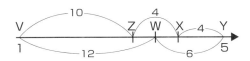

よって、3位はWだとわかります。

答え　W

ポイント
2人のタイム差だけがわかっているので、どちらが先着したかで場合分けをします。考えられる場合は全部、図にしましょう。図の中で組み合わさるところを見つけて、図を組み立てます（パズルの感覚で）。

Q2 個数の推測

袋の中にりんご、梨、みかんが入っている。

個数について、次のことがわかっている。

・りんご、みかんは1個以上あり、梨は2個以上ある
・りんごはみかんより多い
・果物の総数は8個である

このことから次の推論がなされた。

ア　りんごは5個以下である

イ　梨は4個以下である

ウ　みかんは2個以下である

これらの推論のうち、必ず正しい推論はどれか。

わかっていることは

①りんご、みかんは1個以上あり、梨は2個以上ある

②りんごはみかんより多い

③果物の総数は8個である

①の状態を図に表してみましょう。

確定している4個は実線で、残りの4個分はりんご、梨、みかんそれぞれのところに点線で表します。

②の状態を図に表してみましょう。

まず、残りの4個をどのように割り振るのかで場合分けします。

（1）りんごとみかん合わせて4個、梨0個のとき

（2）りんごとみかん合わせて3個、梨1個のとき

（3）りんごとみかん合わせて2個、梨2個のとき

（4）りんごとみかん合わせて1個、梨3個のとき

以上の4通りです。

りんごとみかんが0個、梨4個のときはりんごとみかんが同数になるので除外します。

（1）りんごとみかん合わせて4個、梨0個のときを、①と合わせて図にしましょう。

りんごとみかんの分け方でさらに場合分けできます。

i）りんご4、梨0、みかん0　　ii）りんご3、梨0、みかん1

　　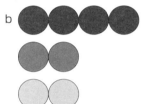

（2）りんごとみかん合わせて3個、梨1個のときを、①と合わせて図にしましょう。

りんごとみかんの分け方でさらに場合分けできます。

i）りんご3、梨1、みかん0　　ii）りんご2、梨1、みかん1

（3）りんごとみかん合わせて2個、梨2個のときを、①と合わせて図にしましょう。

りんご2、梨2、みかん0の1通りです。

(4) りんごとみかん合わせて1個、梨3個のときを、①と合わせて図にしましょう。

りんご1、梨3、みかん0の1通りです。

a～fにおいて3つの推論を検証します。

ア「りんごは5個以下である」は、a～fのとき必ず正しいです。

イ「梨は4個以下である」は、fのとき梨は5個あるので正しくありません。

ウ「みかんは2個以下である」は、a～fのとき、必ず正しいです。

答え　アとウ

> **ポイント**
> 個数に関する情報が与えられているとき、個数の情報を図に整理しましょう。場合分けが必要な場合は、それぞれの場合で考えられる図をすべて描き出します。推論と描きだした図の情報を比較して、推論の検討をしましょう。

 料金の推測

P駅から各駅までの距離は

P→Q：62km　P→R：84km　P→S：105km

P→T：121km

料金は

10kmまで200円　20kmまで300円　30kmまで500円

50kmまで750円　70kmまで1000円

以下の表は各駅で降りた人数を表している。

乗車駅

降車駅	P	Q	R	S
Q	48			
R	33	39		
S	26	47	28	
T	23	36	31	27

（1）P駅で乗ったのは何人か。

（2）R～S区間で乗っていたのは何人か。

（3）R駅から乗った人の払う運賃の合計はいくらか。

（1）P駅で乗った人は以下の表の太字の部分です。

	P	Q	R	S
Q	**48**			
R	**33**	39		
S	**26**	47	28	
T	**23**	36	31	27

太字の数字を足した合計人数を求めましょう。

48+33+26+23=130

答え　130人

(2) R〜Sの区間に乗っている人は以下表の太字の部分です。

	P	Q	R	S
Q	48			
R	33	39		
S	**26**	**47**	**28**	
T	**23**	**36**	**31**	27

太字の数字を足した合計人数を求めましょう。

26+23+47+36+28+31=191

答え　191人

(3) R駅から乗った人はR〜S区間を乗った人とR〜T区間を乗った人です。それぞれの料金を求めて、Rから乗った人が支払う料金を求めましょう。

	P	Q	R	S
Q	48			
R	33	39		
S	26	47	①**28**	
T	23	36	②**31**	27

①の人はRで乗ってSで降りた人なので、R〜S区間の距離を求めます。

　R〜S区間の距離　105−84=21km

30km未満なので、料金は500円です。

人数28人の合計料金を計算しましょう。

　500×28＝14000

②の人はRで乗ってTで降りた人なのでR〜T区間の距離を求めます。

　R〜T区間の距離　121−84＝37km

50km未満なので、料金は750円です。

人数31人の合計料金を計算しましょう。

　750×31＝23250

Rから乗った人が支払う料金は以上の料金を合計して求めます。

　14000＋23250＝37250

　答え　37250円

ポイント
表の中で降りた人数が与えられているとき、どの駅からどの駅まで乗った人数が何人なのかを読み取ります。この情報から料金などを計算しましょう。

Q4 平均の推測

X、Y、Zの商品があり、価格について次のことがわかっている。

　XとYの価格の平均額は、7000円である

　YとZの価格の平均額は、9000円である

次の推論のうち、必ず正しい推論はどれか。

ア　Yの価格は、Xの価格より高い

イ　Ｚの価格は、Ｘの価格より高い

わかっていることは以下の３つのことです。
（１）ＸとＹの価格の平均額は、7000円である
（２）ＹとＺの価格の平均額は、9000円である
　これらのことを図にして情報を整理します。

（１）ＸとＹの価格の平均額は、7000円である
　このとき２通りが考えられます（左側の方が価格が低い）。

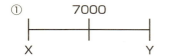 

（２）ＹとＺの価格の平均額は、9000円である
　このとき２通りが考えられます（左側の方が価格が低い）。

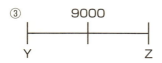 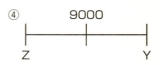

（１）と（２）から
①と③、①と④、②と③、②と④の組み合わせが考えられます。

ⅰ）①と③の組み合わせ

ii) ①と④の組み合わせ

> 7000とZの大小は決まりませんが、気にしないで大丈夫です。

iii) ②と③の組み合わせ

> 9000とXの大小は決まりませんが、気にしないで大丈夫です。

iv) ②と④の組み合わせ

この場合は矛盾するので成り立ないので、除外します。

以上のi)～iv)より2つの推論を検証します。

ア「Yの価格は、Xの価格より高い」
　iii)のとき、正しくないので必ずしも正しいと言えない。

イ「Zの価格は、Xの価格より高い」
　i)からiii)のとき、必ず正しいです。

答え　イ

> **ポイント**
> 二者の平均がわかっているとき、数直線上に二者と平均を描き出しましょう。二者の大小関係がわかっていないとき、それぞれの場合において描き出します。この数直線を組み立てて推論を検証しましょう。

Q5 最大・最小の推測

ある学部の3年生の学生200人のうち、英語を話せる人は120人、フランス語を話せる人は40人、ドイツ語を話せる人は60人いる。

(1) 英語とフランス語を話せる人が25のとき、英語とフランス語のどちらか一方しか話せない人は最大で何人、最小で何人いるか。

(2) ドイツ語のみ話せる人が15人のとき、どの言語も話せない人は最大で何人、最小で何人いるか。

(3) フランス語のみ話せる人はフランス語と英語のみを話せる人の2倍いる。フランス語のみ話せる人は最大で何人いるか。

(1)

まず、英語とフランス語が話せる人が25人のときを図に表します。

英語かフランス語を話せる人は

120+40−25=135 より135人だとわかります。

よって、英語とフランス語を話せない人は65人になります。

英語とフランス語のどちらか一方のみしか話せない人が最大に

5章●場合と確率・推測の計算

なるのは英語とフランス語を話せない人の中にドイツ語を話せる人がすべて含まれるときが考えられます。英語とフランス語を話す人の中にドイツ語を話す人が含まれるときも考えられますが、できるだけ極端な場合を考えた方がわかりやすいので、英語とフランス語を話せない人の中にドイツ語を話す人が含まれるときを図に表します。

この図から、英語とフランス語どちらか一方のみしか話せない人は

95＋15＝110　より110人とわかります。

答え　最大110人

英語とフランス語のどちらか一方のみしか話せない人が最小になるのは、英語のみを話せる人の中にドイツ語を話せる人が含まれるときが考えられます。最大のときと同じように極端な場合を考えます。図に表します。

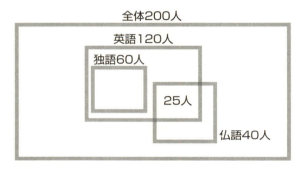

この図から、英語とフランス語どちらか一方のみしか話せない人は

　35＋15＝50　より　50人とわかります。

　　答え　最小50人

(2)

英語を話せる人とドイツ語を話せる人で、ドイツ語のみを話せ

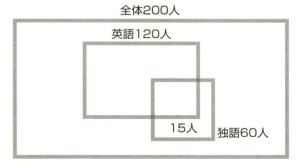

る人が15人になるように図を描きます。(これ以外の場合も考えられますが、考えやすい場合をまず選びます)。

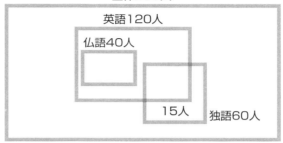

どの言語も話せない人が最大になるのはフランス語を話せる人が、上の図の英語のみを話せる人の中に含まれるときです。

図から、1つでも言語を話せる人は

120+60-45=135 より 135人となります。

よって1つの言語も話せない人は

200-135=65 より 65人となります。

答え　最大65人

どの言語も話せない人が最小になるのはフランス語を話せる人が、英語とドイツ語を話せる人とフランス語を話せる人が重複しないときです。図に表すと

図から、最小になる場合は最大になる場合からフランス語を話せる人を引いた人数になります。

65－40＝25 より 25人となります。

答え 最小25人

(3)

フランス語のみを話せる人対英語とフランス語のみを話せる人は2：1なので、フランス語のみを話せる人を②、英語とフランス語のみを話せる人を①とします。フランス語のみを話せる人と、英語とフランス語のみを話せる人の合計は③となります（上の図の台形の部分）。英語とフランス語のみを話せる人が最大になる

には図の台形の面積が最大になるときです。③は3の倍数でかつ40人以下なので、③は39人とわかります。よって、①は13人、②は26人となります。フランス語のみを話せる人は26人になります。このとき、ドイツ語を話せる人を含めて図に描きます。

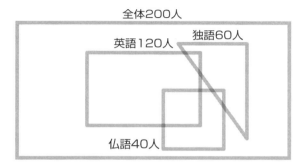

答え　最大26人

> **まとめ**
>
> 条件が複雑になると、場合分けが必要になることがあります。面倒がらず、場合分けした図をそれぞれ描くようにしましょう。描きだした図をパズルのように組み合わせると推測をすることができます。

■伊草　玄（いぐさ　はるか）
1978年生まれ。東京医科歯科大学歯学部歯学科卒業。歯科医。
本職の歯科医を営むかたわら、学生時代より算数・数学の受験指導をした経験から、2011年より東京リーガルマインドLECにてSPI対策・公務員試験（数的処理・自然科学）を担当。算数を使った解法を得意にし、その分かりやすさに、とりわけ数字嫌いの学生から圧倒的支持を受ける。
SPIや公務員試験だけでなく、日常生活での計算でも算数だけで十分対応できることを広めている。

世の中の計算の9割は算数で解ける！

2015年3月10日　初版発行

- ■著　者　伊草　玄
- ■発行者　川口　渉
- ■発行所　株式会社アーク出版
  〒162-0843　東京都新宿区市谷田町2-23
  第2三幸ビル2F
  TEL.03-5261-4081　FAX.03-5206-1273
  ホームページ http://www.ark-gr.co.jp/shuppan/
- ■印刷・製本所　三美印刷株式会社

ⒸH.Igusa 2015 Printed in Japan
落丁・乱丁の場合はお取り替えいたします。
ISBN978-4-86059-147-2

京極一樹の本　好評発売中

東大入試問題で
数学的思考を磨く本

受験生の頃よりなぜかうまく解ける"大人の数学"入門。良問が多いといわれる東大の数学入試問題。あなたの数学的思考力アップに役立つ選りすぐりの名問をピックアップ。目からウロコの発想、思わずうなる論証、眼光紙背に徹する分析力…。数学好きならぜひチャレンジを!!

四六判並製　本体価格 1500円

入試数学
珠玉の名門

好評『東大入試問題で数学的思考を磨く本』の第2弾。前作が東大の入試問題のみピックアップしたのに対し、本書では京大、東工大、一橋大など全国一流大学から名問を取り上げた。いずれも公式の丸暗記や入試テクニックでは太刀打ちできない。数学の楽しさが満喫できる本。

四六判並製　本体価格 1700円

おもしろいほどよくわかる!
図解入門　物理数学

物理現象を解き明かす数学こそ最も面白い。数学理論はそれはそれで楽しいが、理論や定理が現実の世界でどう応用されているのか、あるいは無秩序に思える自然現象をいかに理論づけるかを知るのも別の楽しさがある。複雑な物理数学をテーマごとにビジュアルに解説する。

A5判並製　本体価格 2100円

価格変更の場合はご了承ください。